BANLI

板栗

省力化优质丰产栽培技术

SHENGLIHUA
YOUZHI FENGCHAN ZAIPEI JISHU

主 编 王东晨 荣艳菊 刘宝素

U0342934

河北科学技术出版社
·石家庄·

图书在版编目（CIP）数据

板栗省力化优质丰产栽培技术 / 王东晨，荣艳菊，
刘宝素主编 ；孙源蔚，梁义春，王志彦副主编. --石家
庄 ：河北科学技术出版社，2022.5（2023.3重印）
ISBN 978-7-5717-1093-4

Ⅰ. ①板… Ⅱ.①王… ②荣… ③刘… ④孙… ⑤梁
… ⑥王… Ⅲ.①板栗-果树园艺 Ⅳ. ① S664.2

中国版本图书馆CIP数据核字(2022)第 060320号

板栗省力化优质丰产栽培技术

主　编　王东晨　荣艳菊　刘宝素

出版发行	河北科学技术出版社	
地　　址	石家庄市友谊北大街 330 号 （邮编：050061）	
印　　刷	河北万卷印刷有限公司	
开　　本	787 毫米 × 1092 毫米　1/16	
印　　张	14	
字　　数	200 千字	
版　　次	2022 年 5 月第 1 版	
印　　次	2023 年 3 月第 2 次印刷	
定　　价	88.00 元	

编 委 会

主　编　王东晨　荣艳菊　刘宝素

副主编　孙源蔚　梁义春　王志彦

编　委　郭聪聪　于海燕　李　泓　施丽丽　王瑞江　耿新杰
　　　　商贺利　刘丽斌　王　蓬　朱玉菲　张晓英　任保刚
　　　　吴海生　赵玉亮　樊瑞强　冯军民　王素素　王　浩
　　　　王海荣　聂壮壮

序

板栗为壳斗科、栗属植物，在中国已有近3000年的栽培历史。板栗为我国原产，分布广泛，在河北、湖北、山东、河南等27个省、市、自治区均有栽培，是我国重要的木本粮食类经济林树种之一，每年大约有4万吨板栗出口日本、新加坡、泰国等国家，在国际市场上享有很高的声誉。

河北省是板栗生产大省，栽培历史悠久，种植面积和产量均居全国前列，主要分布在燕山和太行山区，板栗种植现已成为促进山区经济发展、增加山区农民收入的重要途径和主要支柱产业。2016年，河北省板栗种植面积29.7万公顷，占全国的9.01%；产量35万吨，占全国的18.7%以上，居全国第二。

近年来，由于农村外出务工人员增多，板栗种植及管理人员日趋减少，造成生产劳动力缺失和雇工费用上涨，导致板栗种植成本增加，生产投入加大，经济效益下降，严重影响了栗农种植和生产的积极性。因此，探索和推广板栗省力化栽培管理技术，降低生产劳动强度，减少生产投入，提高栗果质量，增加栽培效益，已成为当前板栗生产和栽培管理的大趋势。

本书从生产中总结了板栗省力化优质丰产栽培技术，通过整形修剪、树盘覆盖、栗园生草、病虫害防控等综合配套技术措施，能有效降低生产劳动强度，减少人工投入，提高板栗品质，增加栽培收益，达到板栗生产省力省工、优质丰产的目的。因此，推广和应用板栗省力化优质丰产栽培管理技术，将有效提高栗农和企业种植板栗的积极性，对推动全省板栗产业快速发展起到重要的促进作用。

本书编写人员多是长期从事板栗生产、技术推广的科技人员，理论知识扎实，实践经验丰富，在河北省板栗产业发展中具有较强的影响力。本书内容与实际生产紧密结合，通俗易懂，具有较强的实用性和可操作性，可作为基层科技人员和林果农技术指导用书，也可为科研、教学提供参考和借鉴。

王同坤

2022 年 2 月

前　言

　　板栗为我国原产树种，在中国已有近3000年的栽培历史，《诗经》《史记》《齐民要术》等古书均有记载。板栗树经济寿命长，适应性强，抗旱、耐贫瘠，适用于山区大面积种植，既能绿化美化山体、保持水土资源，又能增加农民经济收入。

　　板栗是河北省传统的特色农产品，具有较高的经济价值。作为板栗生产大省，河北板栗栽培历史悠久，种植面积和产量均居全国前列。其中，以迁西板栗、兴隆板栗、宽城板栗、遵化板栗等为代表的河北板栗在国内外市场上深受消费者欢迎和喜爱。板栗种植现已成为促进山区经济发展、增加山区农民收入的重要途径和主要支柱产业。

　　河北省板栗主要分布在燕山和太行山区，不同区域的板栗栽培管理方式、生产成本及经济效益等方面相差较大。其中，燕山板栗管理精细，产量高，效益好，但用工多、人工管理成本大等问题突出；太行山板栗管理粗放、用工少，但产量低、效益差，群众生产和管理积极性不高，板栗弃管和放任生长"靠天收"等现象时有发生。近年来，随着农村劳动力成本和生产资料等费用上涨，全省板栗种植呈现生产成本增加、经济效益下滑、市场竞争力降低的发展态势，严重影响了栗农种植和发展板栗的积极性。因此，推广和应用板栗省力化优质丰产栽培技术，降低生产劳动强度、减少生产投入、提高栗实品质、增加栽培效益已成为当前板栗生产发展的大趋势。板栗省力化栽培管理及优质丰产技术的应用，将对河北省板栗规模化发展、产业化经营以及乡村振兴起到积极的促进作用。

由于客观条件和作者水平有限，书中难免有不妥之处，敬请各位同行和广大读者批评指正。

编 者

2022 年 2 月

目　录

第一章 概 述

栗为山毛榉目壳斗科栗属植物，其中板栗原产于我国，是我国重要木本粮食类经济林树种之一。远在 6000 多年前的西安半坡村遗址和 2000 多年前的江陵西汉墓葬中均有发现板栗遗存。中国古籍如《诗经》《史记》和《齐民要术》中都有板栗的记载。板栗在中国的栽培历史有近 3000 年。

一、栽培的意义

板栗是我国的重要坚果。板栗栗仁肉质细腻，清香甜糯，美味可口。栗仁营养丰富，栗仁中含糖 6.03% ~ 25.23%，淀粉 25.60% ~ 68.27%，蛋白质 4.03% ~ 10.43%，脂肪 2.0% ~ 7.4%，还含有多种维生素（维生素 A、维生素 B_1、维生素 B_2、维生素 C）和矿物质（钙、磷、钾）等。因栗仁富含淀粉，可代替粮食作为主食，故有"木本粮食"之称。板栗可生食、炒食，可烹调成多种美味菜肴，也可加工成栗泥、栗粉和栗仁罐头等风味独特的营养食品。栗树果、壳、根、皮均可入药，栗果可健脾益气、消除湿热，果壳治反胃，叶可作收敛剂等。栗树的木材纹理通直，木质坚硬，耐湿抗腐，是工业和室内装饰的良好用材。板栗树皮和总苞含 4.0% ~ 13.5% 的单宁，可提炼栲胶。板栗适应性较强，抗旱，耐瘠薄，管理省工。栗经济寿命长，一次栽植百年受益，素有"铁杆庄稼"之称。

古代板栗栽培以北方最盛，主要分布在黄河流域的华北、西北地区，河北、河南等板栗产区至今仍生长有数百年生的大栗树。

我国每年大约有 4 万 t（1t ＝ 1000kg）板栗出口日本、新加坡、泰国等国家，由于中国板栗可溶性糖含量高，香甜可口，种皮易剥离，品质优于日本栗和欧洲栗，因此在国际市场上享有很高的声誉。栗树适应性和耐瘠薄力强，我国多个省份均有栽培。板栗产量虽不及其他果树，但管理省工，成本低，坚果便于运输，纯收益高，适于大面积荒山栽培，既可保持水土，又能增加农民收入。因此，发展板栗种植对满足国内外市场消费的需求，促进山区的经济发展和生态建设，有着重要意义。

二、生物学特性

板栗为高大落叶乔木，树冠圆头形，在适宜的条件下，树高可达 20m左右，结果年限长，寿命可达 300 年以上。

（一）根系

板栗为深根性树种，具有主根较深、侧根和须根发达的特点。根系的水平分布较冠幅大 1 ～ 2 倍，但 85% 以上的根系集中于距树干 50 ～250cm 范围内，垂直分布相对集中在 25 ～ 60cm 深的土层内。栗的根系分布与土壤条件有密切的关系，在土层深厚的地方，成年栗树根系可深达2m 以上，但在土质瘠薄的石砾山地，根系分布就很浅，表土下 15cm 处即见大根，随树龄的增长，根系逐渐暴露地面，容易受风害而倒伏。板栗的幼树根系并不深，因而也不耐旱，尤其在沙地或瘠薄的石砾山地上容易遭受旱害。

栗树根系是重要的养分贮存器官，根系中的养分含量随物候期而变化。其根系在土壤温度 17℃ 以上时开始生长，20 ～ 26℃ 时生长最快，到秋季落叶后，土温降至 15℃ 时停止生长。根系开展活动的时间一般比地上部早 10 ～ 15d，其结束时间比地上部晚 30 ～ 40d。根部的总糖含量在一年中以5 月最低，9 月后达到高峰。这是早春萌动后根部贮存养分即向上转移、秋季地上部养分从枝干向根部转移贮存的结果。

栗树根系损伤后愈合和再生能力均较弱，伤根后需较长时间方能发出新根，且树龄较大，伤根越粗，愈合越慢，发根越晚。早春 3～5mm 的细根受伤后，到初夏开始发出新根，5～15cm 的粗根多数至初夏尚难发出新根或发出的新根生长甚微。因此，移栽和土壤耕作时切忌伤根过多。

栗树幼根上常菌根菌共生形成菌根，菌丝体呈罗纱状，细根多的地方菌根也多。菌根形成期与栗根活动期相适应，栗根发生新根后开始形成菌根，7～8 月菌根的发生达到高峰。菌根可使根系表皮层细胞显著增大，增强根系吸收水分，促进栗根的生长发育。有机质丰富、土壤 pH5.7～7.0、土中氧气充足、含水量适宜、土温 13～23℃时，菌根形成最多。黏土比沙土、表土比新土菌根生长得好而多；增施有机肥比单施矿质肥料有利于菌根的形成和栗根生长。因此，增施有机肥料、加强栗园的土肥水管理，是促进栗树生长发育的有效措施。

（二）芽

栗芽按性质可分为三种，即花芽（混合芽）、叶芽和休眠芽。从芽体大小、形态上区分，花芽芽体最大，叶芽次之，休眠芽最小。芽外覆有鳞片，除休眠芽较多外，其他均为 4 片，分两层左右对称排列，这也是区分三种芽的依据之一。

1. 花芽

花芽又分为完全混合花芽和不完全混合花芽。完全混合花芽着生于枝条顶端及其下 2～3 节，芽体肥大、饱满。芽形钝圆，茸毛较少，外层的鳞片较大，可包住整个芽体，萌发后抽生结果枝。不完全混合花芽着生于完全混合花芽的下部或较弱枝梢的顶端及其上部，芽体比完全混合花芽略小，萌发后抽生雄花枝。

2. 叶芽

幼旺树的叶芽着生在强旺枝梢的顶端及其中下部，进入结果期的树，多着生在各类枝梢的中下部。芽体比不完全混合花芽小，近圆锥形，茸毛较多，外层两鳞片较小，不能完全包住内层鳞片，萌发后抽生各类生长枝。

3. 休眠芽

着生在各类枝梢基部短缩的节位处，芽体最小，一般不萌发呈休眠状态。休眠芽的寿命较长，遇刺激后又能抽生新梢。利用休眠芽的这一特性，可对老树或弱树进行更新。

栗树枝上的芽具有明显的异质性和生长的先端优势。着生于枝梢先端几节的芽发育比较充实，多抽生为强枝，且上面着生的完全混合花芽也较多，母枝越壮则所抽生的强枝也越多。如果树体衰弱，则枝梢上着生的不完全混合花芽多，萌发后多抽生雄花枝。无论是完全混合花芽还是不完全混合花芽，萌发后都抽生大量的雄花序（呈柔荑花序），即表现为雄花多、雌花少的特征。因此，合理修剪，控制分枝数量，每年培养一定数量的强壮枝是丰产稳产的基础。

板栗的叶序有 1/2 和 2/5 两种，在修剪时应该注意芽的位置和方向，以调节枝向和枝条分布。

（三）枝条

由于芽的异质性，芽萌发后形成的枝梢亦不同，同时枝梢类型与树种、品种、树龄、树势以及栽培管理等有密切关系。按其性质和作用，可将板栗的枝分为 4 种类型，即生长枝、结果枝、结果母枝和雄花枝。

1. 枝条类型

板栗的枝条可分为生长枝（营养枝）、结果枝、结果母枝和雄花枝等。

（1）生长枝（营养枝）

枝上各节都为叶芽或休眠芽，萌发后不开花结果的枝均为生长枝。生长枝依生长的强弱又可分为普通生长枝、徒长枝和纤细枝三种。普通生长枝生长充实健壮，芽发育比较饱满，幼树和树势强健的树所生普通生长较长，而衰老树上则较短，一般着生于上一年生枝的中上部。在幼树上，普通生长枝是构成树冠的主要枝条。在成年树上，普通生长枝顶部数芽易形成花芽而转化良好的结果母枝。

徒长枝多由休眠芽受刺激后萌发而成，枝条生长旺盛，节间长，组织不充实，芽较小。在衰老树上，徒长枝是更新树冠的主要枝条。在成年结果树上，如位置适当，可以培养为结果枝组。

纤细枝大多由上一年生枝的中、下部芽萌发而成，生长纤细，容易枯死。纤细枝一般不能形成结果母枝，应疏除或短截以促其抽生强枝。

（2）结果母枝

凡枝上着生雌花芽（或完全混合花芽）能抽生结果枝的，称为结果母枝。结果母枝通常由上一年的结果枝或健壮的生长枝转化而来。有时，雄花枝在营养条件好的情况下，第二年也能转化为结果母枝。结果母枝于冬季以前在顶端数节形成雌花芽。春季从雌花芽抽生结果枝，随后又在结果枝顶端着生雌花并开花结果。结果母枝抽生结果枝的多少与树的年龄时期、结果母枝强弱有密切关系。一般生长期和结果期的枝抽生结果枝率高，衰老期的树则低；强壮的结果母枝抽生结果枝数多，且结果枝上着生的雌花芽数也多。而弱的结果母枝抽生的果枝少，并且连续结果能力也差。

（3）结果枝

由雌花芽（或完全混合花芽）萌发抽生的枝条为结果枝。进入结果期的树，结果枝多分布在树冠的外围，所以板栗外围结果现象比较突出。结果初期结果枝较长而少，盛果期后则短而多。按其长度可分为长果枝、中果枝和短果枝。

板栗结果枝基部数节着生叶片，落叶后在叶腋间有腋芽；其上10节左右着生雄花序，这些节上无芽，雄花序脱落后就成为盲节；再上1~3节着生混合花序，开花结果后仅留下果柄的痕迹，也没有芽；只有最前段各节有芽，并可能在结果的同时转化为结果母枝。

结果枝的结实性也与树的年龄时期和结果母枝的强弱有关。一般结果期的树生长和结果相协调，结果枝生长健壮，形成的雌花多。雌花形成的数量和结实率均以结果枝的强弱为基础。

（4）雄花枝

雄花枝是由较弱的花芽形成，枝条上除叶片外，只有雄花序。雄花枝大多比较纤弱，第二年不易抽生结果枝。

2. 枝条类型与转变为结果母枝的关系

就正常结果树而言，以结果枝成为结果母枝的百分比最大，雄花枝次之，营养枝再次之。从抽生结果枝占发枝的百分率来看，也是以结果枝最多，雄花枝次之，营养枝再次之。弱的结果枝、雄花枝、生长枝都不能成为下一年的结果母枝，在修剪时应予以疏除。

3. 母枝、结果新梢粗度、长度与结实的关系

雄花序数随着母枝的粗度和长度增加而增多；雌花序数和果实重量随着结果新梢的粗度和长度的增加而增大。

4. 枝条部位与结实的关系

从不同级次骨干枝的延长枝结果情况来看，随着骨干级次的增多，结果能力下降；从结果母枝不同部位抽生结果枝的结果情况来看，自结果母枝顶端向下结实数量呈递减趋势（衰老树不明显），称为板栗结实的顶端优势。

5. 新梢生长动态

（1）加长生长

雄花枝和营养枝新梢只有 1 个加长生长高峰，即在 4 月底、5 月上中旬；结果新梢有两个高峰，一个在 6 月上中旬，另一个在 7 月上旬。

（2）加粗生长

各类枝条都有 3 个加粗生长高峰，但均以第 1 个高峰为大，即在 5 月上中旬；第二个高峰在 6 月上中旬，正值雌花盛期到果实形成期；第 3 个高峰在 7 月中旬，正值种子形成期。

（四）花

板栗是雌雄同芽异花，雌雄花分化期和分化持续时间相差很大，分化速度也不一致。一般雄花分化在前，雌花分化在后。

1. 雄花

雄花序为葇荑花序，其长短以及在枝上的数量依品种、枝类而异。

每个花序上常有600～700朵小花，每朵小花有花被6个，雄蕊9～11个，无花瓣，每3～4朵小花组成一簇，花序自下而上每簇中的小花数逐渐减少。雄花序在枝上的开花顺序和小花在花序的开花顺序都是自下而上，呈无限型。雄花与雌花的比例常为300：1～2000：1。成熟花序的散粉主要在上午9：00—12：00。一般300m以内可捕捉到花粉，以50m以内为最多。

板栗是花粉直感作用比较明显的树种，父本花粉对果实的大小、形状、果肉的颜色、品质、涩皮的剥离以及成熟期的早晚都有明显的直感效应。因此，通过授粉品种的选择可以收到改善品质、增加粒重及调节成熟期的效果。

2. 雌花

每一雌花序常有雌花3朵，聚生1个总苞（栗蓬）中。在正常情况下，经授粉、受精后发育成3个坚果，有时发育成2个。

雌花序是中心花先开，为聚伞花序。一花轴上有多个雌花序，可为总状式聚伞花序。

自柱头伸出到反卷变黄都可授粉，可授期20～30d。中心花和边花柱头的伸出时期，品种间可相差7～10d，人工授粉时必须十分注意这一点。各品种对不同花粉的亲和性有明显差异，必须根据授粉亲和力来搭配授粉树。

从萌芽到苞片可见期3～4周内为雌花序的芽外形态分化期。因此，上年贮藏的营养和从萌芽到雌花出现的营养状况都关系到雌花的形成。所以，凡有利于这两个时期营养供给的技术措施，都将促进雌花数量的增多。

刚出现的芽外形态分化的混合花芽（不足2cm）就有别于芽内分化的雄花序。混合花芽粗而短，花簇处的三角形苞片大而明显，花序先端有鲜艳的颜色，称混合花序露红期。这为早期除雄提供了分辨的重要指标。

3. 花粉

板栗为风媒花，花粉量多，花粉粒小而轻。虽然单粒花粉在强风时可飞至百米以外，但花粉常聚成团，故授粉树的配置既要考虑地形地势，又要考虑栽培形式和株行距，以不影响风力传粉效率为宜。板栗的花粉存活能力较强，在常温下贮藏可保持发芽力1个月之久。雌花柱头露出即有授粉能力，可持续1个月，但最适宜授粉期为柱头露出后的9~13d。

（五）果实

果实包括栗蓬和坚果两个部分。

1. 栗蓬

果实长在栗蓬内，栗蓬由总苞发育而成。除特殊品种或单株外，栗蓬表面生有针刺状物称蓬刺。几根蓬刺组成刺束，几个刺束组成刺座，刺座着生于栗蓬上。

蓬皮厚度直接关系到出实率（坚果占蓬实重的百分率）。环境和栽培条件以及发育状况影响着蓬皮的厚度。如秋季雨水多，蓬皮就薄，栗实就大；反之，若秋季干旱，蓬皮就厚，栗实就小；结实少的栗蓬或空蓬，其蓬皮就厚，蓬刺就密；反之，每蓬结3个坚果，蓬皮就薄，蓬刺也稀。

当雌花柱头变褐时，便由此转变为栗蓬。蓬皮生长有2个高峰，一个是在种子形成期，另一个在采收前25d左右。蓬皮中的干物质积累随着种子的形成逐渐减少，蓬皮中后期淀粉减少而单糖增多，说明物质在转移。

2. 坚果

成熟时球苞的重量约占果实总重量（包括坚果）的50%以上，说明球苞在板栗的生长发育周期中消耗大量营养。高产品种一般球苞较薄，出实率比较高。从雌花授粉到坚果成熟采收，需三个半月。胚的发育过程如下：华北地区 6 月中旬为盛花期，完成授粉受精过程。到 7 月上旬，子房内 16 个芝麻大小的白色胚珠，在其上部排成一圈，胚珠呈卵圆形，这时受精胚珠处于休眠状态，同开始授粉时形态大小差别不大。7 月中旬为幼胚发生期，16 个胚珠中有一个开始膨大，比其他胚珠大 2~3 倍，以后继续增大，呈心脏形，进一步呈鱼雷形，浸于胚乳中，胚乳呈半透明胶冻状。7 月下旬后，胚珠向子房下端发展，幼胚形成明显的胚根和子叶，胶冻状的胚乳逐步被吸收。其他不发育的胚珠呈褐色，残留在子房的上部。8 月中旬以后为幼果的迅速膨大期，胚乳被吸收完毕，子叶开始明显长大，这时栗树枝叶已停止生长，光合作用产物主要供应坚果生长，这是坚果生长最快的时期。坚果的增重在成熟前两周最为重要，这时刺苞中也有一部分营养转到种子内，使坚果得到充分发育。

栗实的发育过程分为前期和后期两个时期：前期主要是栗蓬的增长及干物质的积累，此期约形成栗蓬内干物质的 70% 和全部蛋白质，栗实中以水分和氮、磷、钾等成分含量高，糖类以还原糖为主。后期干物质增长重点转向果实，尤其是种子，果实中的还原糖向非还原糖和淀粉方面转化，糖类积累相应增加。果实近成熟时栗蓬和果皮内的部分营养物质转向果实。因此，前期栗蓬和果皮养分的积累是后期果实充实的基础。栗蓬生长发育过程中有落果现象发生，但落果时期比其他果实都晚。7 月下旬以前为前期落果，8 月为后期落果。前期落果由营养不良所致，后期落果主要是受精不良、机械损伤、病虫为害等管理不当造成。因此，加强前期肥水管理、人工辅助授粉及病虫害防治等，对减少落果都是很重要的。

（六）叶片

营养枝上的叶片自下而上陆续展开和成长。结果枝上的叶片的生长也有类似的特点。根据生长部位和生长动态可分为 3 段：下部叶（盲节下）、中部叶（盲节段）和上部叶（尾枝叶）。

下部叶：又称基部叶，有 2 个生长高峰，第 1 个高峰在混合花序露红期，第 2 个高峰在苞片可见期。

中部叶：最早展叶的要比下部叶晚 5d 左右，其上的叶片自下而上顺次晚展叶 2~3d。展叶期可相差近 1 个月，停长期相差 20d 左右。除较晚出现的叶片只有 1 个生长高峰外，一般都有 2 个高峰。中部叶的单叶面积较下部叶和上部叶都小。

上部叶：自下而上各叶展叶期都相差 3~5d，致使高峰也有规律的顺延，只有 1 个高峰。最早展叶期要比中部叶晚 10d 左右；比下部叶晚 15d，展叶期相差 5 周，停长期相差 25d 左右。

（七）对自然环境条件的要求

1. 光照

板栗是强喜光树种。开花期光照充足，空气湿度干爽，有利于开花、授粉受精和坐果。因此，应在日照充足的阳坡、半阳坡或开阔地带栽培板栗。板栗在光照强度低于光补偿点时，叶片为无效叶，若考虑到夜间的呼吸消耗和阴雨天的影响，板栗树冠内膛的光照强度只有达到 3~4 倍光补偿点以上，叶片才能成为有效叶。在日照不足 6 小时的沟谷地带，树冠抱拢，枝条直立而徒长，枝细叶薄，老干易秃裸，产量低，品质差。所以板栗要达到内膛结果，提高产量，必须考虑缩小树冠体积，疏除过密的枝条，改善树冠内的通风透光条件，以减少无效空间。

2. 温度

板栗对温度的适应范围很广。北方板栗品种群要求的适宜年均温度为 8~12℃，生长期为 18~20℃，冬季绝对最低气温不低于 -25℃。年平均气温低于 10℃ 和冬季气温低于 -25℃ 的地方，板栗不能进行经济栽培。在不同的物候期板栗对温度的要求也不同，板栗开花期需 17~25℃ 的温度，低于 15℃ 或高于 27℃，均对授粉受精坐果产生不良影响。在 8 月份至 9 月份，板栗果实生长发育快，需要 20℃ 以上的平均气温，以促使坚果速长，此期若温度低，则果实推迟成熟，品质下降。故要依据板栗生长发育对温度的要求和栽培地区的气候条件，正确选择栽培品种和确定栽培区域。

3. 降水量

从板栗的结果及品质来看，无论何种栗均以雨量略少而光照充足的地区栽培有利。开花期多雨，则授粉受精不良；在果实膨大期多雨，会导致因日照不足，出现落果或抑制果实膨大；若果实发育期过于干旱，会妨碍果实生长发育，易出现空苞。最适宜栗树生长的土壤湿度（对于土重百分数）为 20%～40%，若降至 10%，即停止生长，在 9.3% 时，即呈现凋萎。

4. 土壤

板栗对土壤要求不严，除极端沙土和黏土外均能生长。但以母质为花岗岩、片麻岩等风化的砾质土、沙壤土为最好。板栗为喜酸需钙植物，适应板栗生长的土壤 pH 为 4.6～7.5，但以 pH 5.5～6.5 为最适宜。在微碱性土壤中，板栗树根系不能形成菌根，生长受抑制。微酸性至偏酸性的土壤有利于板栗根与菌根共生，能促进矿质元素和水分的吸收，而微碱性土壤则相反。栗树为多锰植物，当土壤 pH 超过 6.74 时，锰处于不溶或难溶状态，不能被栗树吸收，使栗树含锰量显著降低，含镁量和含磷量也相应明显减少，从而导致叶片黄化，生长不良。板栗对硼的需求量较大，硼不足时栗树坐果率降低，易出现空蓬。

5. 地势

山地、平原均可栽植板栗。北方海拔超过 800m 的地方，不适于板栗生长，更不宜作为板栗的经济栽培地。30° 以上的陡坡不利于水土保持及肥水管理，不宜作为板栗的经济栽培地。

6. 风和烟

板栗为风媒花，花期微风有助于栗树传粉。但栗树叶片较大，抗风力较弱。栗树不耐烟害，空气中有氯和氟积累时栗树最易受害。

三、分布和生产情况

板栗在中国分布很广，北起吉林，南至广东、广西，东起台湾和沿海各省（直辖市），西至甘肃、四川、贵州、云南、内蒙古等均有板栗栽培，其中以河北、山东及长江中下游地区栽培最多，产量最高。

河北省板栗种植规模大，面积广，产量高。2016 年，全省板栗种植面积 29.7 万 hm^2，约占全国面积的 9.01%。产量 35 万 t，约占全国的 18.7% 以上，位于全国第二。近年来，河北省板栗产业呈现出较快的发展态势。河北省板栗在产量、质量、栽培技术、加工工艺等方面都较前些年有了较大的提高，一些地区已初步形成了"栗农＋产业合作组织＋企业"的产、供、销发展模式。发展板栗产业已经成为促进河北省一些山区经济发展、增加山区农民收入的重要途径。

河北省境内板栗种植面积超过 2 万 hm^2 以上的有迁西县、遵化市、宽城满族自治县、兴隆县、青龙满族自治县、邢台市信都区，这些县市板栗种植面积占全省的 2/3 以上。河北林业网 2017 年发布的板栗统计数据显示，河北省板栗种植面积 31.44 万 hm^2，结果面积 23.74 万 hm^2，产量 38.13 万 t。其中，迁西县板栗种植 5 万 hm^2，结果面积 4.5 万 hm^2，产量 5.67 万 t；遵化市板栗种植 2.39 万 hm^2，结果面积 1.46 万 hm^2，产量 2.82 万 t；宽城满族自治县板栗种植 3.78 万 hm^2，结果面积 2.77 万 hm^2，产量 4.3 万 t；兴隆县板栗种植 3.75 万 hm^2，结果面积 3.51 万 hm^2，产量 14.72 万 t；青龙满族自治县板栗种植 6.12 万 hm^2，结果面积 3.33 万 hm^2，产量 2.5 万 t；邢台市邢台县（现信都区）板栗种植 2.91 万 hm^2，结果面积 2.88 万 hm^2，产量 1.87 万 t。

河北省板栗生产主产区根据本地实际情况建立起农民专业化合作组织。根据《河北省林业厅办公室关于认定 2016—2017 年度河北省林业重点龙头企业重点合作组织的通知》（冀林办字〔2016〕74 号），河北省有果品（蚕桑）类龙头企业 105 家，重点合作组织 113 家。其中，遵化市春耕板栗专业合作社、迁西县喜峰口板栗合作社入选省级重点合作组织。河北省板栗加工企业入选省级龙头企业的有 10 余家，分别是河北长城绿源食品有限公司、承德栗源食品有限公司、河北栗源食品有限公司、唐山广野食品集团有限公司、唐山市美客多食品股份有限公司、遵化市长城食品有限公司、唐山珍珠甘栗食品有限公司、迁西县远洋食品有限公司、迁西县金地甘栗食品有限公司等。企业以生产速冻板栗仁、干炒板栗、小包装板栗仁、枣栗子饮料、板栗粉、板栗罐头等为主。这些企业每年能加工 5 万 t 以上的板栗，板栗加工率达到 20% 以上，远超全国 10% 的平均加工水平。

河北省板栗产品目前的销售模式主要有：农户直接加工，然后卖给消费者的模式；农户将鲜板栗卖给中间商，由中间商加工，进行售卖的模式；农户将板栗卖给企业，企业进行加工，再销售的模式。目前河北省的板栗产品销售途径以传统的路边炒货店、超市售卖形式为主，还有少量的产品以出口形式销售。目前，板栗销售产品主要是以现炒板栗和包装板栗仁销售为主流。近年来，网络销售形式逐渐兴起，河北省板栗加工龙头企业建立自己的宣传和销售网站，入驻全国板栗销售平台，政府也搭建各类信息发布平台，帮助发布各种板栗供求信息。以迁西县为例，建立板栗销售信息网站 3 家，累计发布供求信息达到 50000 条以上，间接为农户增收3000 万元以上。

第二章　主要种类和品种

一、主要种类

栗为壳斗科栗属植物，本属约有 10 种，多为落叶乔木，果实可供食用。与我国栗栽培关系密切的有板栗、锥栗、茅栗、日本栗、欧洲栗、美国栗、榛果栗、矮榛果栗等 8 种。原产我国的有板栗、锥栗和茅栗 3 种。

二、主要栽培品种

我国板栗品种繁多，按产区一般把板栗分为北方板栗和南方板栗两种类型，北方板栗大多炒食，南方板栗则大多做菜。北方栗品种群较耐寒，一般果实较小，栗仁蛋白质和糖的含量较高，淀粉含量低，肉质细腻，具有糯性，适于炒食；南方栗品种群适应高温高湿的气候环境，不耐严寒，果形较大，栗仁含糖量较低，而淀粉含量高，肉质偏粳性，适于菜用。

河北省位于华北地区，所栽植的板栗品种群为北方栗，多用于炒食。目前，河北省板栗栽培区分布在燕山山区和太行山区，主要栽植在唐山市的迁西县、遵化市、迁安市，承德市的兴隆县、宽城满族自治县，秦皇岛市的青龙满族自治县、抚宁区，石家庄市的灵寿县、平山县、赞皇县，邢台市信都区、内丘县、沙河市以及邯郸市的武安市等。

河北省板栗栽培历史悠久，近50年来，经过板栗育种和科研人员几代人的不懈努力，选育出了一批适合河北省栽培的板栗优良品种和配套的栽培管理技术。目前，河北省板栗栽培品种主要有燕山早丰、燕山魁栗、燕山短枝、大板红、东陵明珠、遵化短刺、遵达栗、塔丰、紫珀、替码珍珠、燕光、燕明等本土培育的品种。

1. 燕山早丰

（1）来源和分布

燕山早丰又名杨家早栗，原代号3113。由河北省农林科学院昌黎果树研究所选自河北省迁西县杨家峪村。因早实丰产，果实成熟期早，故名早丰，是当前河北省板栗主栽品种。该品种在省内栽培较多，唐山、承德、秦皇岛、石家庄、邢台等地均有大面积栽植。

（2）生物学特性

树冠高大，圆头形，树势半开张，分枝角度中等。结果母枝占总枝的90.1%，结果枝占79%，结果母枝平均抽生结果枝2.03个，结果枝平均结苞2.42个，总苞内平均有坚果2.91个。结果母枝粗壮，皮深褐色，皮孔小而不规则，芽尖紫褐色，茸毛少。叶片中等大，长圆形，绿色，光亮。果实成熟时呈"十"字形开裂。

（3）果实性状

坚果圆形，果皮褐色，有光泽，茸毛少，果顶微凸，平均单粒重8g。果实黄白色，质地细腻，味香甜，熟食品质上等。果实9月上旬成熟，耐贮藏。

该品种树势健壮，早实丰产，抗病及抗旱能力强。果实品质优良，适宜炒食。

2. 燕山魁栗

（1）来源和分布

燕山魁栗原代号107。由河北省农林科学院昌黎果树研究所选自河北省迁西县杨家峪村。

（2）生物学特性

树冠高大，半圆头形，树姿开张。分枝角度大，结果枝角度大。结果母枝平均抽生结果枝 2.38 个，结果枝平均结苞 1.85 个，总苞内平均有坚果 2.75 个。结果母枝较细，皮深褐色，茸毛少。叶片中等大，披针状，黄绿色，有光泽。果实成熟时呈"一"字形开裂。

（3）果实性状

坚果圆形，果皮棕褐色，有光泽，茸毛中等，果顶微凸，平均单粒重 10g 左右。果实黄白色，质地细腻，味香，糯性，熟食品质上等。果实 9 月中旬成熟，耐贮藏。

该品种树势强，丰产性强，栗果实个大，出籽率高，空苞少，耐瘠薄，适应性强，易管理。栽植时应注意配置授粉树，以燕山早丰为宜。

3. 燕山短枝

（1）来源和分布

燕山短枝原代号后韩庄 20。由河北省农林科学院昌黎果树研究所选自河北省迁西县后韩庄村。

（2）生物学特性

树冠高大，圆柱形，树冠紧凑，枝条粗，节间短。结果母枝占总枝的 87.9%，结果母枝平均抽生结果枝 1.85 个，结果枝平均结苞 2.94 个，总苞内平均有坚果 2.8 个。结果母枝短粗，皮灰褐色，茸毛少。叶片较大，长圆形，浓绿色，有光泽，质地厚。果实成熟时呈"一"字形开裂。

（3）果实性状

坚果圆形，果皮深褐色，光亮，茸毛少，平均单粒重 8.93g。果肉黄白色，质地细腻，味香，糯性，熟食品质上等。果实 9 月中旬成熟。

4. 大板红

（1）来源和分布

大板红原代号大板 49。由河北省农林科学院昌黎果树研究所选自河北省宽城县碾子峪乡大板村。

（2）生物学特性

树冠高大，圆头形，树姿开张。枝条分枝角度大。结果母枝平均抽生结果枝 2.61 条，结果枝平均结苞 5.29 个，苞内平均有坚果 2.33 个。结果母枝粗壮，皮灰褐色，茸毛少，密度中等。叶片较大，长圆形，浓绿色，有光泽，质地厚。果实成熟时呈"十"字形开裂。

（3）果实性状

坚果圆形，果皮红褐色，有光亮，茸毛少，果顶微凸，果实整齐，平均单粒重 8.1g。果肉黄白色，质地细腻，味香甜，熟食品质上等。果实 9 月中旬成熟。

5. 东陵明珠

（1）来源和分布

东陵明珠原代号西沟 7 号。由遵化市林业局选自河北省遵化市西沟村。

（2）生物学特性

树冠高大，扁圆形，树姿开张。结果母枝占总枝的 89%，结果母枝平均抽生果枝 1.81 个，结果枝平均结苞 2.86 个，总苞内平均有坚果 2.5 个。结果母枝粗壮，皮深褐色，皮孔小，茸毛少。叶片大，圆形，绿色，有光泽。果实成熟时呈"一"字形开裂。

（3）果实性状

坚果圆形，果顶微凸，果皮褐色，光亮，茸毛少，平均单粒重 8.33g。果肉黄白色，质地细腻，香味浓，熟食品质上等。果实 9 月中旬成熟。

6. 遵化短刺

（1）来源和分布

遵化短刺原代号官厅 7 号。由遵化市林业局选自河北省遵化市接官厅村。

（2）生物学特性

树冠高大，圆头形，树姿半开张。结果母枝占总枝的 89.6%，结果母枝平均抽生结果枝 1.9 个，结果枝平均结苞 2.15 个，总苞内平均有坚果 2.7 个。结果母枝粗壮，皮深褐色，皮孔大，茸毛少。叶片大，圆形，绿色，有光泽。果实成熟时呈"十"字形开裂。

（3）果实性状

坚果圆形，果顶微凸，果皮红褐色，有光泽，茸毛少，平均单粒重 9.1g。果实黄白色，质地细腻，味香，糯性，熟食品质上等。果实 9 月中旬成熟。

7. 遵达栗

（1）来源和分布

遵达栗原代号达志沟 1-3 号。由遵化市林业局选自河北省遵化市达志沟村。

（2）生物学特性

树冠高大，半圆头形，树姿开张，枝条分枝角度大。结果母枝占总枝的 86.8%，结果母枝平均抽生结果枝 1.9 个，结果枝平均结苞 2.65 个，总苞内平均有坚果 2.7 个。结果母枝粗壮，皮灰褐色，茸毛少。叶片较大，圆形，浓绿色，有光泽，质地厚。果实成熟时呈"一"字形开裂。

（3）果实性状

坚果椭圆形，果实整齐饱满，果皮褐色，有光亮，茸毛少，平均单粒重 7.04g。果肉黄白色，质地细腻，味香甜，熟食品质上等。果实 9 月中旬成熟。

8. 塔丰

（1）来源和分布

塔丰原代号塔寺 54 号。由遵化市林业局选自河北省遵化市塔寺村。

（2）生物学特性

树冠高大，圆头形，树姿半开张。结果母枝平均抽生结果枝 2.18 个，结果枝平均结苞 1.65 个，总苞内平均有坚果 2.5 个。结果母枝粗壮，皮深褐色，皮孔小，茸毛中等。叶片大，长圆形，绿色，有光泽。果实成熟时呈"十"字形开裂。

（3）果实性状

坚果圆形，果顶微凸，果皮赤褐色，有光泽，茸毛少，平均单粒重 7.19g。果内黄白色，质地细腻，味香，糯性，熟食品质上等。果实 9 月中旬成熟。

9. 紫珀

（1）来源和分布

紫珀原代号北峪 2 号。由遵化市林业局选自河北省遵化市北峪村。

（2）生物学特性

树冠半圆形，树姿半开张。结果母枝平均抽生结果枝 3.0 个，每苞内平均有坚果 2.48 个。结果枝为中长类型，疏密中等，皮孔圆形，较密。叶片卵圆披针形，深绿色，渐尖，锯齿大，有光泽。果实成熟时呈"一"字或"十"字形开裂。

（3）果实性状

坚果扁圆形，果皮深褐色，有光泽，茸毛少，果粒大整齐，平均单粒重 10g。果实 9 月中旬成熟。

10. 替码珍珠

（1）来源和分布

替码珍珠由河北省农林科学院昌黎果树研究所选自河北省迁西县牌楼沟村。

（2）生物学特性

树体矮小，树姿紧凑，果粒整齐，色泽鲜艳。叶片浓绿色，长椭圆形，叶柄黄绿色。果实成熟时呈"十"字形开裂。

（3）果实性状

坚果椭圆形，深褐色，油亮，茸毛较多。果肉淡黄色，口感细糯，风味香甜，平均单粒重 8.2g；果实 9 月中旬成熟。

11. 燕光

（1）来源和分布

燕光由河北省农林科学院昌黎果树研究所选自河北省迁西县崔家堡

子村。

（2）生物学特性

树冠较开张，圆头形。母枝基部隐芽较大，壮枝短截后多数能够抽生壮枝当年结果，少数形成较壮的果娃枝翌年结果，栗苞中等，每苞内平均有坚果2.85粒。成熟时呈"一"字形裂或"三"字形裂。

（3）果实性状

坚果椭圆形，果粒整齐，茸毛少，果皮褐色，茸毛少，有光泽，平均单果重9.3g。果肉淡黄色，香味浓，肉质细腻，糯性，栗果大而整齐，耐贮性强。果实9月中旬成熟。

12. 燕明

（1）来源和分布

燕明由河北省农林科学院昌黎果树研究所选自河北省抚宁县（现抚宁区）后明山村。

（2）生物学特性

树势半开张，圆头形，母枝健壮，连续结果能力强。母枝抽生果枝数量2.75个，每苞内平均有坚果2.63个，成熟呈"一"字形开裂。

（3）果实性状

坚果椭圆形，深褐色，有光泽，果顶平，茸毛少。坚果大而整齐，平均单粒重9.64g。果肉黄白色，易剥离，肉质细腻，有糯性，香味浓。果实9月下旬成熟。

第三章 发展趋势和管理概要

省力化栽培也叫简化栽培或低成本栽培，主要采取矮化栽培、园内生草、肥水一体化自控灌溉、病虫害综合防治、简化修剪和充分利用果园割草机、旋耕机、喷药机等机械设备进行果园高效栽培管理，实现果树生产管理简便、省工省力，达到优质丰产的目的。

省力化栽培起源于日本，它缓解了果园生产劳动力成本过高的问题。日本近年来一直研究降低树高、简化修剪、果园生草等一整套"省力化"栽培技术，而且效果显著。欧美国家的果树栽培一开始就着眼于省工省力，因为其果树生产主要是公司制管理和规模较大的家庭农场生产。由于种植规模一般较大，简化修剪、采用矮化树形、广泛使用各种果园专用机械等，以达到节本增效的目的。

就目前板栗生产而言，在不影响产量和质量的前提下，一切能减少和降低劳动时间和强度的栽培管理，都可视为省力化栽培。

一、发展趋势

从世界各地经济林栽培及发达国家经济林种植经验来看，虽然果业生产情况不尽相同，走过的道路也各不一样，但随着世界范围内果园劳动力成本的日益增高，进行省力化栽培已经成为世界各国果业发展的共同趋势。在我国，由于农村劳动力大量向城市转移，从事农业生产的人员将越来越少。尤其是随着人口老龄化时代的到来，果园劳动力成本逐步升高已成为不可逆转的趋势，果园省力化栽培显得越来越重要。

（一）板栗产业发展趋势

我国传统果业栽培管理受日本影响很深，讲究精修细剪，板栗树也不例外。板栗树形高大，精细修剪操作不便，费工费时，粗放管理产量极低或没有产量，达不到经济林栽培目的。当下，如何提高板栗产量和品质，降低生产劳动强度，减少生产投入，增加栽培效益是制约板栗生产和发展的主要问题。从长远来看，板栗栽培的高级技术阶段是广泛实现数字化、智能化和机械化，数字化管理、智能化操作、机械化耕作及施肥、灌水、修剪、喷药、采收、分级、包装一体化等等，可大大降低板栗生产强度，提高劳动效能，减少成本投入，增加栽培效益。具体而言，板栗产业发展主要趋势如下：

1. 板栗栽培管理观念由"省钱"向"省力"转变

过去板栗园管理多以"省钱"或"不管"为出发点，导致板栗园粗放管理，放任生长，靠天收是板栗生产和栽培的主要代名词。近几十年来，经过几代板栗生产者的不懈努力，板栗栽培技术有了长足发展，高效丰产技术得到了广泛应用，取得了良好的高效丰产效果。但随着社会的发展和板栗生产的需求，板栗高效丰产的情况下如何实现省力化栽培和轻简化管理，是当前板栗生产中的紧要任务。随着农村劳动力外出务工人员增多，板栗生产劳动力短缺和劳动成本升高已成为制约板栗生产和发展的主要因素。这也将促使板栗栽培和管理技术发生系列转变，今后板栗园将采用机械取代人工、简约修剪代替复杂管理，最大限度地实现简约化栽培和省力化管理，使板栗生产和管理省力、省时、省工，降低生产投入，增加栽培效益。

2. 板栗管理由分散经营向规模化生产转变

板栗生产正在由分散经营向规模化、集约化转变。随着人口老龄化，一些人放弃了板栗生产，而新建园的许多栗农正向着板栗规模化方向发展，板栗种植将逐步集中在种植大户和技术能手手中，从而实现板栗生产和栽培管理规模化、集约化和省力化。板栗生产简化栽培和省力化管理，将是板栗生产和栽培管理的发展趋势。

3. 板栗管理由注重地上管理向注重地下管理转变

传统栗园管理中，人们往注重视树上管理，也就是每年对板栗树进行冬季、春季整形修剪，秋后进行采收。栗农关心的是果实的大小、颜色、形状（这是一种功利性的初级认识）；继而关注枝条，关注枝条的多少、枝条的空间分布、树形；后来认识到叶片非常重要，关注叶片的颜色、大小、薄厚、落叶早晚等。随着认识的进一步深化，我们注意到根系才是果树的根本，同时由于多年来对根系的忽视，果园管理由注重地上管理向注重地下管理转变成了一种必然。

（二）发展板栗省力化栽培的必要性

1. 节约劳动力，解决栗园后续经营问题

近年来，由于生产资料价格上涨、劳动力成本提高、板栗园效益下降、栗农收益不稳、工作环境较差等原因，部分栗农特别是青壮年栗农放弃栗园经营外出务工，导致部分栗园无人经营或粗放管理，极大地抑制了板栗产业的健康发展。只有发展省力化栽培，才能改善栗园劳动环境，减轻劳动强度，提高生产效益，从而留住更多的板栗生产经营者，有效缓解栗园生产和持续经营问题。

2. 降低生产成本，提高栗园栽培效益

板栗生产中，修剪及采收劳动力占用比例大，河北省板栗产区板栗修剪技术雇工费用平均 150～200 元/天，采收雇工费用 100～150 元/天，施肥不便或难度加大，成本也在逐年升高。要提高板栗园效益，必须推广和应用省力化栽培及管理技术，以降低生产成本，达到节本增效的目的。

3. 改善环境，实现生态环保

省力化栽培实行果园生草与病虫害综合防控，可以改善栗园生态环境，培育和吸引天敌，消灭害虫。既减少农药使用，降低污染，保护环境，又有利于劳动者和消费者的健康安全，符合现代果业生态环保的要求。

（三）板栗栽培现状

1. 栗园郁闭较重

板栗园栽植密度过大，树体过高，通风透光差，产量低，严重影响栗树的生长和生产。同时，板栗修剪上还沿用原有的修剪方式，导致栗园郁闭度达到90%以上，树高达到7米以上，普遍出现内膛空虚、外围结果现象。如没有及时处理临时行和临时株，导致群体结构及个体结构不合理，影响光照利用，从而影响产量和品质。同时，板栗年年追高修剪，造成板栗树修剪及采收困难，上树修剪、打栗存在安全隐患；并且，修剪用工成本增高，经济效益降低。

2. 有害生物发生严重

近年来，由于板栗管理人工费用上涨，部分山区有个别栗农基本不再管理板栗树，形成板栗树"弃管"和"靠天收"现象，造成栗园杂草丛生，枝条乱长，病虫害猖獗，使树势极度衰弱，逐渐失去生长或结果能力。

3. 大量使用化学除草剂

由于板栗采收劳动力成本高，人工除草费用大，为了降低板栗生产成本，部分栗农使用化学除草剂，既污染土地，又削弱树势，还对栗果出口产生一定程度上的制约和限制。目前，河北省多个板栗产区已禁用除草剂，推广应用板栗树下生草技术，减少化学品危害，达到板栗生产安全、高效、省工栽培的目的。

4. 采青现象

个别栗农为了追求栗实早下树、早出售、卖高价等商业目的，形成板栗非自然成熟而上市销售的现象，常常打栗包催熟，造成板栗成熟度不够，栗仁黑斑病发生严重，栗实质量差、价格低。板栗采青不能得到有效控制，从长远来看，将会影响板栗的栽培效益，并且，对当地板栗的品质和销售声誉造成不可估量的损失。

二、管理概要

板栗省力化栽培技术借鉴于其他经济林省力化栽培和管理技术，并根据板栗品种特性和生长特点，结合板栗生产实际，集成了一套省力化、简约化、优质丰产栽培管理技术。主要从土壤管理、肥料管理、水分管理、整形修剪、花果管理及病虫害防控等方面进行简单介绍。

（一）土壤管理

1. 水土保持
根据板栗园地势修建水土保持工程，山地栗园修建水平梯田、水平沟或鱼鳞坑，平地栗园修筑棋盘式水盆。栗园这些水土保持工程，可以蓄水保墒，防止山地或坡地水土流失，在干旱季节又便于灌溉。

2. 自然生草
板栗园内采取自然生草定期刈割的管理模式，对深根性的恶性杂草进行人工拔除，留下浅根性杂草。当自然生草长至40~60cm时刈割一次，根据生长情况每年刈割2~3次。

3. 栗园覆盖
生长季节将树下杂草和其他作物秸秆覆盖于树下，有条件的可以粉碎后再进行覆盖，覆盖厚度不宜超过20cm。覆草后，每亩（666.67m²）再撒施尿素3~5kg，可加速覆盖物腐烂。

栗园自然生草和栗园覆盖管理模式，能有效减少土壤耕翻和除草用工，降低生产投入，并能改善栗园土壤结构，增加土壤肥力，健壮树势，增强树体抗逆性，达到栗园增产增收目的。同时，山区坡地板栗树下生草，能有效防止栗园水土流失，达到保水、固土、保肥效果。

（二）施肥管理

板栗种植的立地条件一般都差，尤其是山地栗园土质瘠薄、有机质含量低、干旱缺水，除必要的深翻扩穴外，还需增强施肥管理。

1. 春施萌芽肥

春季土壤解冻后板栗发芽前，最好是在土壤"夜冻日消"时进行一次施肥。此时施肥可以有效地利用土壤返浆期的水分溶解肥料，便于板栗吸收利用。此期施肥以氮肥为主，氮磷钾比例为 2∶1∶1，根据生长状况适当配合微量元素。可以参考板栗产量施肥，以板栗产量与施肥量 10∶1 为宜。此次施肥可有效增加新梢生长长度和粗度，促进雌花分化，增加产量。

2. 夏施膨果肥

7 月中下旬，在进入板栗果实膨大期前施入膨果肥，可有效增加栗果单果重量，提高标准粒占比和果实品质，增加栗农收益。肥料选择氮磷钾比例为 1∶1∶1 的水溶性比较好的肥料，借助雨水撒施，节省施肥用工，但需精准观察天气预报，雨量太大时会造成肥料损失。也可以用施肥枪注施，同样可以避免挖土施肥造成伤根和用工成本增加，实现省工省力。

3. 秋施基肥

9 月下旬果实采收后施入基肥，以充分腐熟的农家肥、各种动植物残体或优质商品有机肥为主，根据树体状况配合适量的微量元素肥料。

4. 关键期叶面喷肥

在雄花出现期、果实膨大期和采收后的养分回流期，分别喷施 2～3 次叶面肥。以"尿素＋磷酸二氢钾＋硼砂＋芸苔素内酯"为佳，单质浓度不超过 0.5%，喷肥总浓度不能超过 1%，以免发生肥害。喷肥时间要选择晴天的上午 10∶00 之前、下午 4∶00 之后。最好是阴天而无雨的天气进行，喷肥后 2 小时内遇雨，需要补喷。叶面喷肥可结合病虫防治与阿维菌素、灭幼脲等杀虫剂进行混配使用，但不能与碱性农药混配。

（三）水分管理

具备水浇条件的栗园每年结合施肥浇 3 次水，分别是萌芽水、膨果水和土壤封冻水。生长季其他时期土壤墒情差时要及时补水，雨季要注意排水防涝。

1. 萌芽水

即萌芽前浇水，土壤解冻后栗树萌芽前浇 1 次透水，可促进新梢发育和雌花分化，增加产量。栗园节水可选择穴贮肥水的方法，在树冠外围每隔 0.5～1m 挖深 40cm、直径 40cm 的穴，穴的大小也可视树冠大小定，将玉米秸秆截成 40cm 段，打成直径 40cm 的捆，放入清水中浸透，每穴立放 1 捆。穴口用塑料布覆盖，四周用土压住。塑料布中央扎 1 个孔，孔上扣 1 瓦片，以利于雨水自孔中流入穴内。遇干旱需浇水时，可掀开塑料布，将肥料撒在上面，每穴浇水 5kg，盖上塑料布，扣上瓦片。连续使用 2～3 年，可满足栗树生长结果需要，并且省工省力。

2. 膨果水

即果实膨大期浇水，河北省板栗产区一般 8 月上中旬进入果实膨大期，此时正值雨季，但近些年来，受气候变化影响，此期干旱时有发生，严重影响板栗产量和质量，因此果实膨大期浇水尤为重要。浇水方法同萌芽前，可省工省力。

3. 封冻水

即土壤封冻前浇水，能满足整个冬天板栗树体对水分的需求，板栗产区在 11 月中、下旬的小雪节气前后进行。此期浇水应浇足、浇透，具备节水灌溉条件的栗园，最好采用滴灌和微喷等浇灌方式浇灌，省水、省力、省工。

（四）整形修剪

1. 调整群体结构

对于严重郁闭的栗园，可采取"隔株去株"或"隔行去行"的方式进行间伐。果园接近郁闭的，可对临时株先进行落头、开心并适当提干，疏掉或回缩伸向株间的主枝，变成"Y"字形，给永久株让路，直至没空间时伐除。

2. 调整个体结构

（1）降低树高，减少无用大枝

传统管理的栗树多为自然圆头形，树体高大，通风和光照条件差，劳动强度大，作业不便，并且存在安全隐患。需疏除过高和直立大枝，改造成疏散分层形或自然开心形，优化树体结构降低树高。

（2）提高树干，改善通风条件

个别板栗树干低矮，通风条件差，不利于生产作业。通过逐年去除过低主枝，进行提高主干高度，一般干高控制在60～90cm，以利通风和田间作业。

3. 板栗树形

（1）小冠疏层形

第1层3～4个主枝，均匀摆布，开张角度70°～80°，每个主枝上左右交替着生2～3个侧枝，第1侧枝距中心干50cm以上。第2层主枝2个，与第1层主枝间距离需1.5m以上，每个主枝上着生1～2个主侧枝或大型结果枝组，与第1层主树错位摆布。开张角度60°～70°。树高控制在4.5m以内。

（2）开心形

干高80～100cm左右，着生3～4个主枝，开张角度70°～80°。每个主枝上着生侧枝2～3个。第1侧枝距主干50cm。树高控制在3.5m以内。

4. 修剪

分期疏除基部过低、掐脖生长的主枝，适当提高树干高度，利于树冠下部通风透光和便于生草制刈割及采收等生产管理作业，实现省力化栽培。板栗栽培都是先栽实生苗，成活2～3年后距地面20～40cm部位嫁接，成活后萌发3～4个枝条，多数栗农将第1芽当作中心干延长枝，下面3个左右的枝条1个不去，当主枝培养。同时由于受到过去追求早期结果的影响，修剪时强调低干、矮冠，造成基部主枝过低，下部枝叶通风透光不良，基部没有结果枝条。生产上为了追求壮枝结果，多留先端壮枝，基部枝条弱而被疏除，这样就形成内膛光秃、外围结果、树冠郁闭。

目前，板栗大多数树形是基部多主枝自然圆头形，外围表层结果。因此，在修剪上就要对树形进行改造。第一步就是要适当提高树干高度，一般讲，从距地面最近主枝开始，每年疏除1个主枝，通过2~3年将基部3个掐脖的主枝疏除，在距地面0.6~0.9m高的位置，选角度好的大枝培养成第1层枝。落头开心，控制树高。目前圆头形树树高7m以上，都是树冠外围单层结果，内膛无结果枝，上部大量枝叶遮蔽下层及膛内光照，必须对上层中心干落头开心。根据栽植密度情况，确定合理树高后，于中心干上适当部位，将过高的中心干锯掉，树高参考值为株距数加0.5m就是理论树高参考值，一般树高为2.5~4.5m。树冠高大和枝条过密通风透光差，影响树体结果，要结合落头措施，疏除过密枝、直立枝、重叠枝、冗长枝等进行开窗，打开光路，增强光照和通风条件。培养新的结果枝，更新老弱结果枝，培养3年生以内的低龄枝组，并根据空间更新2~3年生枝组，疏除3年生以上的大龄枝组。对过去二龙吐须留枝修剪造成的同一方向双股叉枝，保留1个大枝着生结果母枝结果，另一个枝在基部留2~3cm橛进行回缩，刺激基部隐芽萌发，抽生出1~2个粗壮的发育枝翌年结果，第二年修剪时再对上年结过果的枝进行留2~3cm橛回缩，实现轮替更新。修剪时，对同一枝组，选留强壮枝进行留橛回缩，弱枝疏除，保留中庸健壮的枝结果。下年从留橛的基部萌生1~2个中庸结果母枝，当发出的枝条长度不足50cm时，不用夏剪；当长度超过50cm仍旺长时，需留30cm左右摘心，并摘除2~4个叶片促发二次枝。当年立秋前后对萌发的二次枝进行摘心处理，促其枝条充实，芽体饱满，成为下年的结果母枝。此法一则减少枝组数量，解决了通风透光问题，二则集中了养分，能实现树冠内外结果，立体结果，连年结果，结好果。三则保持结果部位不外移，提高产量，提高质量。

（五）花果管理

1. 疏雄

在雄花序出现后，雄花开放前疏除树体下部的雄花。可有效节约营养，促进雌花分化，增加产量。

2. 喷肥

雄花开放前及盛花期叶面各喷施一次0.3%硼砂和0.5%尿素溶液，两次间隔7～10d。叶面喷肥时，选择在晴天的上午10：00之前和下午4：00之后进行，避开中午高温时段，以免发生肥害。

（六）果实采收

栗蓬自然开裂时，要及时捡拾落地的栗果，当全树栗蓬开裂70%以上时可一次性打下栗蓬集中采收。板栗禁止采青，坚持采收自然落粒，分品种采收，分品种存放、出售。避免早、中、晚熟不同成熟期品种果实混合存放销售。捡回的栗果最好不要立即存放，需放在背阴处摊开，散掉田间热量，防止贮存期间发热霉烂。板栗储存需低温、避光、通风、防水，并在适宜冷库贮藏。短期储存用双层清水浸透的湿麻袋存放栗果置于阴凉处，外层麻袋干燥时，要及时喷清水保湿，7～10d定期倒袋检查一次。

（七）病虫害防控

板栗主要病虫害有栗疫病、红蜘蛛、桃蛀螟、栗大蚜等。在加强肥水管理增强树势的基础上，叶片脱落后全面清理栗园、树干涂白。春季发芽前，全园喷3～5波美度石硫合剂。

1. 栗疫病

春季先用消毒的利刀将病斑刮除，再涂抹843康复剂原液或3倍过氧乙酸溶液，20d后再涂抹一次。

2. 红蜘蛛

从 5 月中下旬开始，喷施 1.8% 阿维菌素乳油 3000～4000 倍液或 20% 螨死净胶悬剂 3000 倍液，连续 2～3 次，每次间隔 15d。

3. 桃蛀螟

在板栗园中空闲地种植向日葵，诱集桃蛀螟，秋后集中烧毁。在成虫发生期，园中设置黑光灯及糖醋液罐，诱杀成虫。8 月上旬，喷施 25% 灭幼脲悬浮剂 1500～2500 倍 ＋4.5% 氯氰菊酯乳油 4000 倍液，防治成虫和幼虫。

4. 栗大蚜

用 2.5% 溴氰菊酯乳油 1500～2000 倍液或 10% 吡虫啉可湿性粉剂 1500～2000 倍液喷雾防治。药剂轮换使用。

（八）使用机械设备，降低劳动强度

板栗一般栽植在山地或坡地上，地形复杂，多不利于大型机械耕作，只能使用部分小型机械或设备，进行土壤旋耕、施肥、喷药、割草等田间管理，生产上常用的有小型手扶旋耕机、施肥枪（器）、高压喷药机、打草机等，以降低生产劳动强度，减少人工成本费用，增加栽培效益。

（九）利用天然降水，提高水分利用率

板栗园多建在山区，个别园区有灌溉条件，或安装了水利配套设施，能进行抽水灌溉。但大多数栗园并没有灌溉条件，只能依靠天然降水来满足板栗生长和生产需要。生产上，有不少栗农采取建蓄水池、修大树盘、筑坝等多种形式收集降水，使自然降水得到了有效利用，提高了水分利用率，促进了板栗增产增收。

保水剂可有效促进植物生长和结实，但传统的保水剂由于吸水膨胀后与土壤混合成泥状而影响土壤通透性等诸多因素而未能在果园中大面积推广应用。近年来，有研究人员研制出以内烯酰胺－丙烯酸盐共聚的支联体

简称 CLP 的大粒径保水剂。大颗粒保水剂吸水膨胀后不与土壤混合，单独膨胀，可将土壤埴松软，提高土壤的通透性。使用大颗粒保水剂，可充分利用自然降水，减少地下水灌溉，有利于水资源的保护和可持续利用。同时，还可以减少生产用工，降低生产成本，提高栽培效益。

　　总之，板栗省力化优质丰产栽培技术，既要管理省工、省力，又要达到优质丰产的目的。板栗在实际生产中，有很多好的经验或方法值得总结和利用，以提高板栗省力化栽培和优质丰产管理水平。例如，技术人员在推广应用板栗省力化栽培及高效丰产技术时，结合板栗大树降冠，研发了一种板栗树降冠改造的方法，通过利用植物的趋光性，改变板栗嫁接或降冠处理后新生枝条萌生的方向和角度，促进新生枝条向斜上方生长，形成开心形。此项技术可减少拉枝环节，降低收入，省工省力。在板栗园集水及高效用水上，研发了一种林下土壤分层灌水的方法，实现了利用自然降水，达到集水和高效用水的目的。该技术能根据不同降水量，精准输送水分至根系分布层土壤，以提高水分利用率，促进板栗丰产结实。

第四章　育苗

板栗的繁殖可采用有性繁殖即种子实生繁殖和无性繁殖即嫁接繁殖。

一、有性繁殖

有性繁殖即实生繁殖，虽然方法简单，成本较低，植株寿命长，但不能保持品种的优良性状，单株间差异大，一般结果晚，产量低。在以生产栗果为主的经济栽培区繁殖方式，正在向无性繁殖方向发展，但嫁接繁殖的砧木还需从有性繁殖开始。因此，实生繁殖在板栗发展中仍是不可缺少的方法。

（一）种子萌发的特性

种子有休眠的特性，板栗种子成熟后立即播种，即使在适宜的条件下也不能萌发。板栗种子的休眠原因主要是抑制物质的作用，其中以脱落酸为主，这种物质的存在，可避免种子萌发过程中遭受冻害。通常，板栗的休眠时间为 2~3 个月。在休眠期间，即使有良好的萌发条件，仍不能全部萌发，但不同地区和不同品种之间有较大差别。

（二）种子萌发的条件

种子的萌发，除了本身必须具备生活力这一内在因素外，还要求一定的外界条件，主要是水分、温度和氧气。

1. 水分

种子萌发时需要吸足水，才能进行各种生物化学变化和生理活动。不同的植物种子萌发时的吸水量是不同的。一般来说，脂肪类种子吸水少，含蛋白质高的种子吸水多，淀粉质种子吸水量居中。种子的含水量在50%左右，含水量下降到30%时，即失去发芽能力，因此采收的种子必须立即放在湿沙中保存。

2. 温度

种子萌发需要适宜的温度，板栗品种和原产地不同，种子萌发时要求的温度亦不同。经过休眠的种子在4℃左右开始萌发，15~20℃为最适宜温度。

3. 氧气

种子萌发时，呼吸作用强烈，需要消耗很多氧气。一般药用植物的种子需要10%以上的氧气浓度，才能正常发芽，尤其是含脂肪较多的种子，萌发时需要的氧气更多。如果在播种时，种植过深，土壤水分过多，表土板结，土壤中空气流通不畅，氧气缺乏，就会妨碍种子萌发。

（三）采种、播种及苗期管理

1. 采种

（1）种子的采集

选择树体健壮、高产、稳产、成熟期一致、抗逆性强的单株作为采种树。播种用的种子应在栗实充分成熟、栗蓬开裂后拾取自然落果。选择充实饱满、无病虫害的栗实用于播种。

（2）种子的贮藏

栗实杀菌消毒。种子取出后应立即进行消毒，用40%的福尔马林260倍液浸种子15min，清水冲洗。或先用二硫化碳熏杀害虫，再用50%托布津100倍液浸种5min，晾干后贮藏。

栗实"怕干、怕湿、怕热、怕冻"。采收后的栗实在室内放置20d失水 50%，发芽力大为降低；继续放置 1 个月则干枯失去发芽能力。因此，选出的种子应立即放在低温（0～7℃）高湿（相对湿度 90% 以上）环境中保存，沙藏层积用窖内沙藏或沟内沙藏均可。

栗果阴干 1d 后，即可贮藏。与湿沙混合，一般 2 份沙加 1 份栗果，或 1 层沙 1 层栗果。沙藏堆高出地面 40cm，宽 1m，长度按果的数量而定，上面及四周覆盖 10cm 厚的湿沙。沙的湿度以保持含水量 8%～10% 为宜，即手捏能成团，稍一碰又能散开。为了在沙藏期不生病害，最好选用无土河沙，用前日晒几天，用时加入含 0.1% 托布津杀菌剂水溶液拌匀。沙藏堆间隔 10d 左右翻倒一次，以利散热。并拣出烂粒，一般正常粒果基本不沾沙子，而烂粒四周沾满沙子。在翻堆 1～2 次后，待夜间气温下降到 0℃ 时入沟贮藏。沙藏沟应选择在干燥、排水良好、背风阴凉处，沟深和宽各 1m，长度不限。沟藏时先在沟底铺一层湿沙，而后将沙藏堆已混合好的沙和栗果均匀放入沟内，厚度为 80cm 左右，上面覆盖草席，待平均气温下降近 0℃ 时，再加厚沙或湿土，使栗果既保持低温，又不受冻。为了通气和使冷空气进入，每隔 1m 插一小捆直径约 10cm 的高粱秆直通沟底。如果贮藏少量栗果，可以与湿沙混合后，放入深 60cm、直径 50cm 左右的坑内，入冬后坑上覆土 30cm 即可。

2. 播种

（1）药剂拌种

为了防止地下害虫，可使用硫黄草木灰拌种法：配方为种子 50kg 加硫黄粉 0.2kg、草木灰 1kg，黄泥适量。将黄泥打成泥浆后倒入种子，使种子表面沾上一层泥浆，然后将种子取出，放到硫黄和草木灰混合的粉沫上滚动，使种子外面沾上一层硫黄和草木灰。播种后可预防地下虫害和兽害，且不影响种子萌发。

（2）整地与播种

①整地。苗圃地应选择土地平坦、土层深厚、较肥沃的微酸性砂质土壤。在秋季深翻 20～30cm，施足底肥，整平作畦。

②播种时期。播种时期一般是在每年的春季，以2月中旬至4月初为宜，当10cm地温达到10~20℃开始点播。由于栗种在贮藏过程中容易萌发，一般播种应偏早。如果种子能在低温下贮藏，则适当晚播较好，这样有利于土温上升，缩短种子埋土时间，减少损失，并能出苗整齐一致。

③播种方法。播种方法一般采用条播法。播种前将种子进行挑选，把霉烂、破伤、干瘪和病虫害栗种除去，按25~30cm行距开沟，沟深4~5cm，株距10~15cm，每亩播种量100~150kg。在小沟里均匀撒入适量的复合肥（600kg/hm²），再用细土薄薄地覆盖肥料，使肥料与种子隔离；以10~15cm株距将栗种平放沟内（栗尖不要向上或倒放，而是平放），然后覆土、镇压。

3. 苗期管理

（1）肥水管理

为了保证土壤水分供应，在播种前要灌足底水，2~3d后土壤湿润而不太黏，便于操作时开沟播种。从播种到出苗阶段不要浇蒙头水，以免土壤板结影响出苗。播种后30~45d可出全苗，此时要及时浇水。雨季要排水防涝，越冬前浇足封冻水。

当幼苗放叶后，可追第1次肥，施肥后浇水。至6月左右追施第2次肥，每亩约施氮肥15kg，并结合浇水。9月至10月施堆肥等有机肥。

（2）中耕除草

板栗在土温10℃左右时开始萌发，15~20℃是最适温度，若土壤温度、湿度适宜，播种后14d左右幼苗便出土。幼苗出土后应及时中耕除草，保证幼苗生长。另外，苗木生长期间，还要多次中耕除草，以利幼苗生长。

（3）防寒和平茬

北方地区，栗苗第一年冬季地上部分容易"抽条"，即自上而下干枯，原因是气温太低，产生冻害。一般可在秋后将幼苗弯倒埋在土内，第二年春天再去掉防寒土。对于生长量不够标准的树苗，可在秋后平茬，剪去地上部分。第二年春季伤口下萌出很多芽，可选留一个生长旺的新梢，将其余抹掉。由于营养集中，幼苗生长苗壮，茎干挺直，生长量超过没有平茬的同龄苗。

（4）病虫害防治

①地下害虫。地下害虫有地老虎、金针虫、蛴螬、蝼蛄等。金针虫幼虫危害种子及幼苗的根茎部；蛴螬幼虫喜食刚播种的种子、根、块茎、幼苗；地老虎幼虫咬断幼苗近地面的茎部，使整株死亡；蝼蛄若虫及成虫白天潜伏于土壤深处，晚上到地面为害，喜食幼嫩部位，为害盛期多在播种期和幼苗期。防治方法主要是毒饵诱杀，可将小米、玉米等炒香，拌些米汤，尔后拌上磷化锌或敌百虫等杀虫剂。播种时放在种子周围，可防治地下害虫。

②食叶害虫。主要是金龟子。金龟子喜食板栗的嫩叶，可采用化学防治，于5～9月采用低毒、低残留、高效的杀虫剂灌根毒杀幼虫蛴螬，晚上9：00以后喷雾药杀金龟子成虫。

③病害防治。主要是幼苗立枯病。在幼苗出土后发病，于茎基部产生椭圆形暗褐色病斑，并逐渐凹陷，扩展后绕茎一周，造成病部缢缩、干枯，病苗初是萎蔫，继而逐渐枯死。由于病苗"枯而不倒"，故称"立枯"。湿度大时，病部常长出稀疏的淡褐色蛛丝状霉。防治方法：每亩用50%多菌灵可湿性粉剂0.12kg加水60kg喷雾。

（5）栗苗出圃

栗苗出圃时，力求根系完整，尽可能减少伤根，同时注意假植保湿，以提高栽植成活率，缩短缓苗期。

4. **实生育苗要点**

板栗实生苗培育，第一年秋季经过采种、选种、贮藏3个阶段，贮藏是关键，贮藏不好，种子易霉烂变质；第二年春季播种后的苗期管理，做到旱时灌水，涝时排水，苗床上生长的杂草及时清除，并适当施肥，预防病虫害，达到培育壮苗、丰产的目的。按发芽率 85% 计算，每亩可产板栗实生苗 0.8 万～1.2 万株。

二、无性繁殖

板栗无性繁殖多以嫁接繁殖为主。该繁殖方法是把板栗优良品种植株上的芽或带芽的枝条接到实生苗的枝干上，经过组织接口愈合，并且分化出新的输导组织，使其成为新植株。河北省板栗多是栽植实生苗，定植 2～3 年后再进行品种嫁接。经过实生苗嫁接的板栗树生长健壮，结果能力强，丰产稳定，品质优。近年来，河北省板栗嫁接苗栽植在生产中应用极少，所以嫁接仅作为一项技术进行简单介绍，不再作为嫁接育苗技术进行生产应用。

（一）砧木的选择、采集接穗及接穗的贮藏

1. 选择砧木

选择生长健壮、径粗 1cm 左右的一年生板栗实生苗为砧木。砧苗健壮，贮藏养分多，有利于嫁接成活。板栗嫁接 3 年以上砧木成活率最高。此时的木质部已经发育成圆形，韧皮部较厚，形成层活跃，嫁接后极易成活。一年生砧木的木质部呈五棱形，无论是拦头插皮接还是带木质部芽接，成活率均低。对于较粗枝干的光秃带部位，根据枝干的具体情况，每隔 50～60cm 交错插皮腹接，减少光秃带。

2. 采集接穗

为了提高嫁接成活率，一般在生长健壮、品种优良、丰产稳产、无病虫害的成年母株上，采取以树冠外围或上部发育充实、粗壮的结果枝为好，发育枝次之。一至两年生基径 0.6cm 以上，长度 20cm 以上枝条作接穗，可结合冬剪进行采集。

3. 接穗的贮藏

把采好的接穗按品种 100 支一捆，写好标签，以免嫁接和贮藏时混杂。随后及时贮藏在低温保湿窖内。山区可以利用现有的薯井或菜窖，窖内温度要低于 5℃，湿度达到 90% 以上。贮藏时，把接穗立放，下部 1/5 埋在湿沙中，沙中水分不要太多，以免造成腐烂。一旦窖内过于干燥，可以用塑料布把接穗全部盖严，以免接穗风干。如果接穗数量大，窖内湿度大，贮藏时间又短，可以在窖内设放接穗架，30cm 一层，每层底部铺双层湿麻袋，把接穗只放在立架上。

蜡封贮藏：把石蜡用容器加热溶解，温度不超过 85℃，手拿 5 ~ 10 支接穗蘸蜡，然后再蘸另一边，蘸蜡时间不要超过 1 秒，以免烫伤芽体，最后写好标记，放入窖内。封蜡接穗底部不用埋沙，但窖内湿度要大，如果湿度小，可以把接穗放在塑料袋内，每袋约 3000 支。蘸蜡接穗由于失水少，比不蘸蜡嫁接成活率提高 9.1% ~ 33.3%。

（二）嫁接时期

嫁接的具体时期，因各地的气候条件不同有差异；同一地区的小气候不同，嫁接时期也不尽一致，嫁接时期应以当地板栗物候期为准。嫁接的最适宜时期是砧木芽体萌动至展叶前，或桃花盛开时进行。此时气温升高，树液流动，形成层活跃，树皮易剥离，嫁接成活率高。

（三）嫁接方法

1. 带木质芽接

春季带木质芽接：4 月中下旬，利用未萌动的贮藏接穗进行；秋季带木质芽接：8 月下旬至 9 月上旬进行，采集生长健壮、发育成熟的当年生枝作接穗，随采随接。带木质芽接，芽片较厚，比较耐旱、耐寒，抵御冬、春不良气候的能力强，成活率高。

2. 插皮接

大约在 4 月中旬至 5 月上旬，要求在接穗发芽以前，砧木离皮以后进行。此种方法成活率较高，在河北省运用此方法的较多。

①砧木处理。选择光滑无伤疤的砧木在地面以上 10cm 左右剪断，剪口要平滑。

②削接穗。在接穗上选取 2~4 个饱满芽，上端剪平，并在下端芽的下部背面一刀削成 5cm 长的平滑大切面，并在削面两侧轻轻削两刀，以削去一丝皮层、露出形成层为宜，然后在大切面的另一面再削一个小切面，以便插入，用湿布包好待用。

③接合。用木签或竹签插入韧皮部和木质部之间，深约接穗大切面的一半或多一半，拔出签子后，迅速将接穗大切面朝里插入。露白 0.5~1cm，给愈合组织生长留下充分余地。一般每个砧木插 1~2 个接穗，砧木粗的，也可插 3~4 个。接穗发芽成枝后，选留 1 个好的，多余的剪掉。

④绑缚。用塑料条绑缚接口，要绑紧、包严。

3. 插皮舌接

插皮舌接类似插皮接，此方法除形成层相接外，又增加砧穗双方韧皮部的接合。插皮舌接方法是在砧木锯面削平后，选表皮光滑的一侧用刀自下向上轻轻地削 3~5cm 长、1cm 宽的表皮，以能见到绿色的皮层为宜。将接穗削一长 3cm 的"马耳形"削面，用手轻轻挤捏剥离削面背部和皮层，使表皮与木质部分离。然后将削面紧贴木质部缓缓插入削去表皮的砧木皮层内，接穗削面保留 2~3mm"露白"。最后将接穗削面背部皮层覆盖到砧木的绿色皮层上，即行绑扎。

4. 切接

切接是植物嫁接中应用最为普遍的一种方法，适合于砧径 1cm 左右的细小砧木的嫁接。嫁接时先把砧木剪断，然后在砧木树皮光滑处一侧垂直切入，切口长约 3cm，宽最好和接穗的直径相近。接穗削一个约 3cm 长的削面，下刀时斜向深入到木质部中央，而后往下削平，再在反面削一个约

1cm 长的小削面。

接穗放入切口时，大削面向里紧贴砧木木质部，使穗砧左右形成层对齐。如果两边形成层不能全部对上时，则一定要对准一边，然后用塑料条将伤口包扎严密。

5. 皮下腹接

皮下腹接是在砧木中部嫁接新枝的一种嫁接方法。选择砧木树皮光滑的部位向下斜切一刀深达木质部，切口长度约 3cm 左右。接穗削法同切接，但斜削面要注意削面平直，不能有凹面，削面角度应同砧木切口对应，插入时应使形成层对齐，再用较宽的塑料条将接合部绑扎紧密。腹接砧木的上部可剪断，也可不剪断。但如果砧木剪断后，应用塑料薄膜套扎，以免断面水分蒸发，影响嫁接成活。

6. 劈接

劈接法与插皮接相比较，劈接的嫁接时间较早，可行时期较长，一般在 3 月中下旬便可开始，直到 4 月上旬结束，适合于粗度 1cm 以上的粗砧木嫁接。嫁接时，将砧木离地面 20cm 左右锯断，用刀削平断面，避开砧茎的维管束，选光滑处在砧木中间垂直缓缓切入劈一裂口，深度 3cm 左右，注意裂口不宜过深过大，要注意整齐光滑。将带有 2～3 芽的接穗，在其下端削成双斜面的偏楔形，斜面长约 3cm，楔形的外侧宜稍厚于内侧。然后将厚的一侧向外，插入砧木接口，使砧穗形成层互相对齐，接穗削面的上端保留 2～3mm "露白"，然后用塑料条将伤口包扎严密。

（四）嫁接后管理

嫁接后，要及时剪除砧木上的萌蘗，以便集中养分。15～20d 检查成活率，如已成活，即于接芽上方 10～15cm 处剪砧。数日后，即可萌发抽枝。当接后新梢长到 30～40cm 时（一般 1～2 个月），就要将捆绑接口塑料条松开，然后再较松地绑上，以利于接口愈合生长。同时，设立支柱，引缚新梢，防风吹折断。当新梢长到 40cm 以上时，要进行摘心。根据情况，可摘心1~3次，以利加粗生长，促进分枝。嫁接未成功的，在次年要及时补接。萌发的新梢嫩芽，常受金龟子、象鼻虫、皮夜蛾等为害，要及时进行人工或药剂防治。除此，还要加强肥水、中耕、除草等项管理，5月份施1次尿素液肥，6~8月份施1次复合肥；干旱时，注意浇水，以保证栗苗的正常健壮生长。

第五章　建　园

建园是板栗生产的重要基础环节，板栗的生命周期长，一次种植几十年收益，而且栗园建立后一般不宜改变，建园质量优劣直接影响栗园结果早晚、树体的寿命和整体经济效益。为此，建园时首先应做好当地的自然、社会因素调查，根据因地制宜、适当集中的原则，围绕板栗良种化、机械化、省力化等要求，选好园地，进行高标准、高质量的整体规划建设园地，为实现优质、高产稳产、高效益、省力栽培奠定基础。

一、园地建立

（一）建园方式

1. 嫁接苗建园

近几年，受大规模、有计划发展山区经济等政策因素的影响，直接定植嫁接苗建园日趋广泛，尤其在没有栽培板栗经验的新发展地区。此方法优点是省去了嫁接环节，缺点是建园成本高，缓苗期长，前期树生长势弱，品种配置难度大，园貌不整齐，极易形成结果后部分植株需二次嫁接现象。

2. 板栗实生种建园

直接在栽植穴中播种实生种，待实生苗长大后再进行嫁接。优点是成本低，适应性强，可节省苗圃用地，扩大栽植范围，在管理水平高的情况下，成园年限短。缺点是管理难度大，容易出现缺株断行，造成栗树不整齐一致。

3. 实生苗建园

先定植实生苗，待缓苗 1～3 年后达到嫁接标准时再嫁接成园，此方式为燕山浅山丘陵区建栗园的主要方式。其优点是建园成本低，品种配置易掌握，便于根据当地生产、销售等实际情况灵活选择品种，树势生长健壮，结果早，易丰产。

4. 自然野生、实生板栗砧木改接建园

在有野生板栗分布和自然生长的实生板栗资源丰富的地区，利用野生板栗或实生板栗直接嫁接成园，也是较为常见的建园方式，建园后必须根据地形地貌做好土壤管理和水土保持工作。

5. 实生幼树高接建园

是指对集中连片的 10 年生左右的实生树，进行"多头多位"高接改造，使之品种化，并补齐缺株，结合整地改土，改造成集约化栗园。这种方式投资少，见效快，产量和质量都会很快提高。

6. 板栗粗放管理改造园

将管理粗放、放任生长、树龄差异大、品种混杂、株行距不等、病虫害严重的栗园进行改造，通过高接换优、栽、伐结合等方式，改造成集约化、丰产稳产的栗园。改造过程中应做好品种配置，并加强后期管理。

7. 低产残冠树高接改造建园

是充分利用原有资源提高产量和质量的重要方式，低产残冠树体改造可结合整形修剪同时进行，尽可能恢复完整树冠，扩大结果面积，延长结果年限。

无论采用哪种建园方式，都应根据本地区资源条件、管理水平、技术力量、自然环境等因素确定。

（二）园址选择

板栗树适应范围广，抗逆性强，但作为经济栽培建园，为达到高产稳

产优质的目的，也需根据板栗不同品种的生物学特性，充分考虑栽植地的海拔、温度、水分、土壤、光照、风害、地形、地势等。

1. 园地的选择

要选在交通便利，远离污染源，并且建园以前没有受到过有害物污染的地方。年平均气温 8 ~ 22℃，绝对最高气温 39.1℃，最低气温不低于 -25℃；阳光充足，晴天有 6h 以上光照；有灌溉水源，排水良好；土层深厚，土壤肥沃的沙质土或砂质壤土，土壤 pH4.6 ~ 7.5 均可，最适宜的 pH 为 5.5 ~ 6.5，注意避开风口。

进行有机板栗生产，空气、水、土壤等质量要符合 GBT 19630—2019 《有机产品生产、加工、标识与管理体系要求》中 4.2.3 规定的指标要求。

2. 板栗产地环境基本要求

板栗对气候、土壤条件的适应范围较广，但在我国亚热带地区果实生长发育的品质较差，北方过于寒冷的地区和西北干旱地区也不适宜生长。板栗对土壤的酸碱度反应敏感。因此，在发展板栗生产时，必须考虑气候、土壤等基本条件。

（1）地势

板栗自然分布区地势差别较大，海拔 50 ~ 2800m 均可生长板栗。我国南北纬度跨度较大，亚热带地区如湖北、湖南、四川、贵州、云南等地，在海拔 1000m 以上的高山地带，板栗仍可正常生长结果。处于温带地区的河北、山东、河南等地，板栗经济栽培区要求海拔在 500m 以下，海拔 800m 以上的山地常因生长期短、积温不够而出现结果不良现象。

山地建园对坡度的选择不严格，可在 15°以下的缓坡建园，因为缓坡土层深厚，排水良好，便于土壤管理和机械操作，且光照充足，树势旺，产量高；15°~ 25°坡地易发生水土流失，建园时实施水土保持工程；30°以上的陡坡，可作为生态经济林和绿化树来经营。

（2）温度

我国板栗适应范围广，在年平均温度 10.5 ~ 21.8℃、≥10℃的积温

3100～7500℃、绝对最高温度不超过 39.1℃、绝对最低温度不低于 -25℃的条件下均能正常生长。北方板栗与南方板栗对气温要求差别较大。北方板栗一般需要年平均气温 10℃左右，≥10℃积温 3100～3400℃；南方板栗要求平均气温 15～18℃，≥10℃积温 4250～4500℃；中南亚热带区板栗生长的年平均气温可达到 14～22℃，≥10℃积温 6000～7500℃。

北方板栗的北界在我国寒冷地区的吉林、四平等地以北，年平均温度 5.5℃、绝对最低温度 -35℃的地方。板栗枝条的冻害温度为 -22～ -25℃，极限温度为 -28℃。燕山板栗分布的北界在河北承德以北年平均气温 7～8℃的地区，此地区以北板栗虽然能够生长，但因成熟期温度不足，果实小，品质低劣，冬季有抽条现象，所以不宜作为经济栽培区。燕山山脉有经济栽培价值的产区北缘为河北省长城外的兴隆、宽城、青龙一线，约北纬 40.2°，温度是限制板栗向北发展的主要因子。

（3）水分

北方板栗适应干燥气候，燕山板栗产区年降水量平均为 400～800mm，持续干旱年份年降水量 200～300mm。虽然板栗较抗旱，但板栗亦喜雨，北方有"旱枣涝栗子"之说。

我国南方板栗分布地区多雨潮湿，年降水量多达 1000～2000mm。降雨量过多，阴雨连绵，光照不足，会导致光合产物积累少，坚果品质下降，贮藏性低。雨水多且排水不良时，影响板栗根系正常生长，树势衰弱，易造成落叶减产，甚至淹死栗树。4月份至9月份的生长期降雨能促进板栗生长与结实，但7月份至8月份的夏旱易导致栗树减产。

（4）土壤

板栗对土壤类型要求不严，从北方的棕壤、淋溶褐土，到南方的红壤、黄壤、赤红壤、砖红壤，均能栽植，但在土层深厚、肥沃、湿润、通透性好、排水良好、有机质含量高的沙质壤土中生长最好，有利于根系生长和产生大量菌根。在黏重、通气性差、常有积水的土壤上生长不良。

板栗对土壤酸碱度（pH）最为敏感，适宜在酸性或微酸性的土壤上生长，适应范围为 pH 4.6 ~ 7.5，pH 超过 7.5 时则易生长不良。板栗在碱性土质上不宜生长，如山区石灰质土壤碱度偏高，影响栗树对锰的吸收，易造成生长不良。有花岗岩、片麻岩风化形成的土壤多为微酸性，适宜板栗生长。

板栗是深根性树种，园地必须土层深厚。栗树幼嫩根上共生的菌根，直接影响根系对养分的吸收。土壤肥力较高时有利于菌根的生长，因此板栗要栽培到肥力较高的土壤上。要实现优质丰产栽培，必须在肥力较高的地方建园。

（5）光照

板栗为喜光树种，生长期要求充足的光照，特别是花芽分化期要求较高的光照条件，光照差，只形成雄花而不形成雌花，这也是板栗树外围结果的主要原因。在光照不足的沟谷地带，树体生长直立，枝条徒长，枝细叶薄，老干易光秃，产量低，坚果品质差。开花期光照充足，空气干燥，则开花坐果良好。我国北方栗产区由于日照充足，坚果外皮光泽度好，含糖量高，香味浓郁，品质上乘；南方部分产区如由于光照不足，坚果色泽不鲜亮。因此在建园时，应选择日照充足的阳坡或开阔的沟谷地较为理想。持续高温、干燥，连日阴雨后初晴，光照太强时，容易发生日灼，应注意保护。

（6）风

板栗是风媒花植物，花期微风有利于栗树传粉，微风吹过，使枝叶轻轻摇动，叶片着光均匀，树冠内通气好，有利于光合作用。但栗树抗风力较弱，风大时，将雌花柱头吹干，影响授粉，形成空栗蓬，出现早期落果。在风口处，生长期遇到暴风和强风，则易造成折枝、落叶和落果等方面的损害。建立在风口的栗园，在总苞生长后期，由于自身重力增大，遇到大风侵袭时，很容易造成落果。采用插皮高接的大树，夏秋季遇到大风会造成接口的劈裂，导致新梢死亡。为防止风害，在建园时应尽量避开风口，必要时应营建防风林，能有效降低风速。

3. 建园地点的选择

（1）山地

山地空气流通，日照充足，温度日差较大，排水较好。但山地地形变化较大，土层较薄，水源缺乏，水土流失严重，水土保持工程投资较多，建园成本高，管理不方便。

在山地建立栗园时，应注意海拔高度、坡度、坡向及坡形等地势条件对温、光、水、气的影响。坡度：一般坡度越大，土层越薄、肥力与水分条件越差。坡向：阳坡光照充足，有利于板栗生长，但春季物候期早，易遭晚霜危害、易春旱，冬季树干易日灼；阴坡光照差，板栗成熟晚，秋季枝条停止生长晚，冬季易受冻害。生产上，在山地栽培板栗最好选择坡度5°~20°、土层较厚的坡脚、地堰；山沟中建园应选择有冲积土的谷坊、坝内或两侧。在山地建园最好选择阳坡、半阳坡。

（2）丘陵地带

通常将地面起伏不大，相对高差200m以下的地形称为丘陵，顶部与麓部相对高差小于100m的丘陵称为浅丘，相对高差100~200m者称为深丘。丘陵地是介于平地与山地之间的过渡性地形。深丘的特点近于山地，浅丘的特点近于平地。丘陵地没有明显的垂直分布带和小气候带。是板栗建园的理想地带。

（3）平地

近年来，随着板栗密植园的发展，个别地区板栗栽植开始由山地往平地发展，栗农的生产观念也逐渐发生转变，平地栽植越来越受到栗农的重视，栽植面积也越来越大。

平地是指地势较为平坦，或向一方轻微倾斜或高差不大的波状起伏地带。海拔一般低于200m，相对高度不超过50m。平地地形变化微小，土层深厚，气候和土壤因子基本一致，没有垂直分布变化，水分充足，水土流失轻微，土壤较为肥沃，有利于板栗生长，便于栗园的经营管理，利于机械化操作及生产资料和产品的运输。平地建园还有利于道路及排灌系统的设计和施工，建园投资较小，容易取得较好的经济效益，但日照、排水条件不如坡地。

(4) 冲积平原

地势平坦，土层深厚，土壤有机质含量较高，灌溉水源比较充足，交通便利。板栗生长发育良好，产量较高。在冲积平原建立板栗商品生产基地，易获得较高的经济效益。但在地下水位较高的地区建园，必须降低地下水位至1m以下。

(5) 泛滥平原

为河流改道或河流泛滥形成的沙荒地，土壤的主要成分是沙粒或细沙，土粒极少。透气性好，但土壤贫瘠，肥力较低，多盐碱化，土壤理化性状不良，易造成植株露根、土埋干和偏冠现象，且蒸发量大，土壤极易干旱，保水保肥性差，春季易受旱害。有些沙荒地土壤中分布有黏土层或白干土层，容易形成地下水较高的假水位，雨后树体易受涝害。同时，沙荒地风沙为害较重。因此，在沙荒地建立栗园之前，应首先营造防风固沙林，打通不透水层，改良土壤，增施有机肥，解决排灌等问题。在平地建园最好选择冲积平原。

(三) 园地规划

1. 园地调查

在进行板栗园地规划前，必须对建园地点的基本情况进行详细调查，为园地的规划设计提供依据。调查内容包括：

(1) 社会经济情况

包括建园地区的人口、劳动力情况、经济状况、技术力量、能源交通情况、市场的销售供求状况等。

(2) 板栗生产情况

当地板栗的栽培历史，现有栗园的总面积，单位面积产量，总产量；经营规模，产销机制及经济效益，主栽品种生长结果状况；管理技术水平等。

（3）气候条件

包括平均温度、最高与最低温度、生长期积温、休眠期的低温量、无霜期、日照时数及百分率、年降水量及主要时期的分布，特别注意对板栗危害较严重的灾害性天气，如冻害、晚霜、雹灾、风害、涝害等。

（4）地形及土壤条件

山地栗园应调查海拔高度、垂直分布带与小气候带、坡度、坡向、植被等；丘陵地和平地应调查土层厚度、土壤质地、土壤结构、酸碱度、有机质含量、主要营养元素含量、地下水位及其变化动态、前茬树种或作物。

（5）水利条件

主要包括建园地点的水源、水利设施、灌溉机械和渠道完好率。

调查完毕写出书面调查分析报告。

2. 测量和制图

规模建园，需进行面积、地形、水土保持工程的测量工作。平地测量较为简单，测量后将平面图绘出，标明突出的地形变化和地物；山地应进行等高测量，以便修筑梯田、撩壕、鱼鳞坑等水土保持工程。测量后绘制1:1000的地形图，地形图上绘出等高线密度（平地0.5m一条，丘陵、山地1m一条）和高差，以地形图为基础绘制出土地利用现况图、土壤分布图、水利图等供规划设计使用。

3. 栗园的规划

规划内容包括栽培区的划分，道路、沟渠、防护林带的配置，株行距的确定，水土保持工程与建筑物的安排等。

（1）作业区划分

小区是为了方便生产管理和有利于板栗树的生长发育而设置的，根据实际情况可划分若干小区。小区划分的原则是同一个小区内的地形、土壤、气候、光照和水分条件大体一致，以便于在每一个小区内实行统一的农业技术，便于农事操作和板栗园自然灾害的防治。小区的面积、形状和方位，可根据地形、地势的情况来确定。小区的面积应根据立地条件和管理水平决定，十几亩到上百亩均可；小区的形状，考虑到应用机械化管理，最好设置成长方形，但也可以根据园地的实际情况确定；小区的方位，平地小区的长边要与自然风向垂直，山地小区长边必须与等高线垂直，以便于耕作和排灌系统的设置。

栗园的作业小区设置，平原地以 $2hm^2$ 左右为宜，山地栗园应以自然沟或分水岭为界划分小区。栗园的规模也是影响经营效益的一个重要因素。规模过小形成不了商品产量，难以取得较好的效益，一般单户承包经营面积 $3.3 \sim 4.7hm^2$，联产承包 $10 \sim 20hm^2$ 左右，集体与国有林场面积在 $20hm^2$ 以上。

（2）道路规划

为了方便栗园的管理和运输，必须合理规划建设道路系统。各级道路应与小区、排灌系统、防护林系统、各种辅助设施的规划布局相协调。而且道路地基要坚实，并且尽量少占用耕地，一般道路所占面积不得超过栗园总面积的 5%。一般大中型栗园的道路系统包括主路、支路和小路。

①主路。主路宽 $6 \sim 8m$，应直接与外界公路相通，与园内生活区、库区等相连，并以最短路程贯穿全园，便于栗果、农资的运输。主路上可行驶汽车或大型拖拉机，在适当位置加宽至 $10m$，以便会车。主路末端是断头路时，应在末端处修筑回车场。山地栗园的主路可以盘山而上或呈"之"字形上山，其坡度小于 $5° \sim 7°$，转弯半径大于 $10m$。主路以石块垫底，碎石铺面，有条件的地方可以修成混凝土或沥青油路面，主路两边应设置排水沟和防护林。

②支路。一般作为小区间的分界线，横贯于各小区之间，并与主路相连，便于机动车或耕作机械通行。支路宽 $3 \sim 5m$，转弯半径大于 $3m$。山地栗园的支路一般沿等高线设置于山腰或山脚。支路应铺设碎石路面，两边

设排水沟和防护林。

③小路。是贯通小区内各树行或梯田各台面的人行通道或小型生产作业和植保机械行驶路，宽 2 ~ 3m，与主路或干路相通。平地栗园小路沿垂直于树行的方向设置，山地栗园的小路可根据需要顺坡修筑，多修在分水线上，如修在集水线上，路基易被集流冲毁。小型栗园为减少非生产用地，可不设主路和小路，只设支路。

（3）灌溉系统规划

①灌水系统。灌水系统一般由水源和输水系统组成，分明沟灌溉、喷灌、滴灌和小管出流等。

②明沟灌溉。平原地区可利用井、渠灌溉；山区和丘陵区多利用山谷修建水库、塘坝等，引水上山，进行灌溉。明沟灌溉是利用干渠将水引到栗园并纵贯全园。为了减少渠道的渗漏损失，增强其牢固性，最好用混凝土或石材修筑渠道；或采用管道输水，以减少水的渗漏，节约水资源和取水成本。

③喷灌。利用动力和水泵，从水源取水加压，或利用水的落差，水通过管道系统和喷头散射至空中成雨滴状再降落至园地。喷灌具有省水、节约渠道占地、不破坏土壤结构、不受地形限制、节约劳力等优点。但一次性投资较大，且风大时，易导致灌溉不均匀。

④微喷。利用喷灌原理，采用小喷头或距地面很近处喷洒水分，其喷水范围较小，多在树干周围 80cm 处，水分蒸发少、节水。

⑤滴灌。利用低压管道系统和分布在栗园地面或埋入土内的滴头，将水一滴一滴地浸润板栗根系分布范围的土壤。优点是省水，不受地形限制，可同时滴灌水溶肥，避免土壤冲刷；缺点是投资大，滴头易堵塞。

⑥小管出流灌溉。为解决滴灌滴头易堵塞的问题，目前，栗园多采用小管出流灌溉方式。小管出流的出水管直径在 4mm 左右，一般水中的杂质可以通过小管直接排出，不会造成出水管堵塞。每个出水小管基部装有一个自动流量调节器，可根据压力大小自动调节出水量。

（4）排水系统规划

板栗怕涝，对可能发生积水的板栗园要设立排水系统。主要是对地势低洼、土壤渗水性不良、地下水位高、山地或丘陵地等栗园设置排水系统。规划时应本着少占用土地和便于生产操作，一般和道路系统结合起来。有明沟排水和暗沟排水。

①明沟排水。明沟排水是山地或坡地栗园常用的排水系统，对于维持梯田的牢固、减少水土流失等具有重要的作用。平地栗园通过排水沟排水；山地栗园的排水系统按自然水路网的走势，由顶部集水的等高沟与总排水沟以及拦截山洪的环山沟（亦称拦山堰）组成。等高沟是建立在栗园上方的一条较深的沿等高线方向的深沟，作用是将上部山坡的地表径流导入排水沟及蓄水池中，以免冲毁梯田。总排水沟应设在集水线上，走向应与等高沟斜交或正交。平地栗园的明沟排水系统，由小区内的集水沟、小区边缘的排水支沟与排水干沟组成。

②暗沟排水。在地下埋设排水管道或其他填充材料，形成地下排水系统，将地下水降低到要求的深度。暗沟排水不占用行间土地，不影响机械管理和操作，但造价较高。

（5）水土保持措施

山地及丘陵地建园，修筑水土保持工程是头等重要的大事，是建园成败的关键。可结合整地修筑梯田、撩壕、鱼鳞坑等。

（6）辅助设施

在规模化建园的板栗园中心和交通方便的位置设立房屋和作物场，包括办公室、仓库、车库、看守房等，房舍建在便于和园内外联系工作的位置。应根据板栗园规模大小、交通、水电供应等条件进行相应的规划与设计。园内建筑物规划，应以宁少勿多、不占沃土、方便适用为原则，以节省土地和造价，降低建园成本。

（7）栗园的档案建设

完成栗园各项规划及整体规划后，便可绘制出正式的规划图，栗园规划设计图、设计文书、栗园权属文件证明以及在发展板栗的过程中每次采取技术措施的真实记录等内容都是重要的档案资料。搞好档案的建设工作是栗园系统化、科学化管理的要求，同时档案资料能为后人借鉴，具有参考价值。

二、定植

（一）定植前准备

1. 整地

栗园整地是栗树栽植前改善土壤生态环境条件的重要技术措施。它可以改善土壤的通气状况、土壤温度，加厚活土层，增加土壤微生物的数量，提高土壤地力，增强土壤蓄水与保墒能力。因而，进行板栗栽植前整地，可以提高栗苗栽植成活率，促进幼苗生长，使栗树早结果。

在山坡丘陵地区，水源与灌溉条件一般较差。在这类地区改良土壤、科学整地是建立栗园的首要因素。在土壤瘠薄、干旱少雨地区，土壤水分含量是栗苗栽植成活与生长的关键因素，提前整地可以提高土壤含水量；整地深度直接影响土壤蓄水能力与保墒能力的高低，整地浅土壤的蓄水与保墒能力低，适当增加整地深度，可以提高土壤蓄水与保墒能力。整地的宽度也影响土壤水分含量，整地宽度较宽时，土壤的水分含量就高，整地宽度小时，土壤的含水量就低。

（1）不同土壤条件的整地方式

在平地及山坡丘陵地区整地方式主要有：全园深翻、修梯田、修鱼鳞坑、修筑撩壕。

①全园深翻。适用于平原、河滩地和坡度较小的地块，可用挖掘机一次性进行深翻。也可采用定植沟改土法，即按照规划的行向挖宽 1m、深 0.8m 的壕沟，晾晒一段时间回填。山地也可先挖长 1m、宽 1m、深 0.8m

的定植穴，待栗园建成后，逐年向外扩穴，最终达到全园深翻。挖定植沟和定植穴时，注意将表土和心土分放，回填时将表土掺有机肥或在底部压1~2层柴草回填到底部，心土放在上面。

②修梯田。凡在坡地上建园的栗园，为保持水土、增厚土层和方便管理，坡度30°以下的最好建成水平梯田，然后栽植；地形较复杂的地方，可先修鱼鳞坑，然后逐步扩大树盘，最后修成复式梯田。

要求是：梯田宽3~4.5m，梯壁≤3m，梯面外高里低，坡度内倾5°~7°角，做到"外噘嘴，里流水"。里沟修成竹节状，沟宽、深均为30~40cm，沟内每隔3~5m设一道土埂，便于缓解水势，蓄排兼顾。

③修鱼鳞坑。适宜于坡度30°以上、地形破碎的宜林荒山。在山坡上挖近似半月形的坑穴，坑穴间呈"品"字形排列，一般坑长（横向）0.8~1.5m，坑宽（纵向）0.6~1m，坑深20~40cm，坑与坑之间的距离2~3m，挖坑时将表土放在坑的上方，生土堆在下方，挖好后将表土回填坑内，坑的下沿用生土围成高20~25cm的半环状土埂，在坑的上方左右两角各斜开一道小沟，以便引蓄更多雨水。

④修筑撩壕。撩壕是我国农民在山地果园创造的一种简易可行的水土保持方法，适宜于降水量少的地区以及坡度为15°以下的缓坡山区栗园修建。在坡面上按等高线挖成等高沟，将挖出的土堆在沟的外面，筑成土埂，称为撩壕。一般撩壕的规格范围较为灵活，沟宽50~70cm，深40cm，沟内每隔一定距离做一小坝，用于拦水。树苗栽在壕的外坡，行间宽敞，便于耕作和间作。幼树生长期间，根系临近沟边，树势旺盛。成龄树根系生长受撩壕宽度的限制，只能向坡下延伸，树势趋弱。撩壕适于坡度为5°~15°时修建，坡度过大时，撩壕堆土困难。此外，撩壕种植面小，不便施肥及其他管理措施进行，因此可作为临时的水土保持措施，以后逐渐向梯田发展。

⑤机械整地。机械整地常用方法有平翻耕法和旋耕耕法。山地栗园平翻技术一般用带小铧的复式犁耕地，小铧将接垡处的表层土壤翻到沟底，

主犁体再将土垡覆盖其上，以翻转疏松耕层为主体，使栗园地面平整、耕层结构全部疏松。耕后地表松碎平坦，覆盖严密，有利于消灭杂草和防治病虫害。旋耕是指用拖拉机带动旋耕犁，将地表 10～20cm 土壤旋碎、耕平。旋耕可以疏松土壤，平整地表，还可以打破犁底层，恢复土壤耕层结构，提高土壤蓄水保墒能力。

（2）不同土壤条件整地的最佳季节

在河北省山坡丘陵地区最佳整地季节，主要集中在春秋季或雨季整地。山坡丘陵地区整地主要解决干旱、无水源、无灌浇条件问题，所以整地季节应在雨季之前完成，以便在雨季尽可能多地拦蓄降水。在干旱瘠薄的山坡整地，目的是疏松和加厚活土层，提高拦蓄地表径流的能力，增加土壤水分和养分，所以该地方也应该在雨季前完成整地工作。

在有灌浇条件的上述地区，可在春季或秋季整地，做好保墒措施，在入冬土壤上冻前做好幼苗冬季的防寒防旱措施。

在杂灌草茂盛、土壤水分条件较好的地方整地，应选择在消灭杂灌草有利的季节进行。一般情况下，在秋末冬初整地。

在冬季降雪多的山地，可在秋季整地。

2. 苗木准备

（1）苗木的选择

要选择正规院校、科研单位或是信誉比较好的苗圃或公司，要求苗木品种纯正，根系完整发达，枝条粗壮，芽体饱满，嫁接口愈合完好，苗高达规格要求，无检疫性病虫害。

需要进行异地运输的苗木，先对苗木进行捆扎，根系蘸泥浆，然后用草袋包好，便于保湿。运输距离较长时，还要定时给苗木洒水。苗木到达目的地后，若不能及时栽植应立即假植。苗木假植沟要选择平坦、避风的地方，宽、深各1m。假植时，苗木梢部向南倾斜，苗木打开捆，沟底放一层沙，然后一排苗培一层土。培土深度为苗高的一半，浇水沉实，再压一层土，最好盖上玉米秸等保湿。如果苗木根系有失水现象，可先浸水

12～15h 后再假植。

（2）苗木整理

①浸泡。对于经过长途运输和冬季储存的苗木，栽前最好用清水浸根 2～4h，可以补充水分，提高成活率。

②根系修剪。定植时，结合苗木分级对其进行修剪，包括对根系及枝梢的修剪。修剪时，把烂根、干枯根和残次根剪掉，烂根剪到露白为止，即使好根也要剪去一部分，主要是抑制病根的病菌及刺激新根萌发。对过多或位置不当的枝梢也要剪去一部分。

③消毒。苗木定植前还应进行消毒处理。方法有：用石硫合剂 5 波美度液蘸根，并用清水冲洗；或用 K－84（1～2 倍液）蘸根；还可以用 ABT 生根粉液处理根系，具体方法是：1g ABT 生根粉加 20kg 水浸 1.5～2h，可减轻根部病害发生，提高定植成活率；或用 1g ABT 生根粉加 10kg 水蘸根处理，效果良好。

（二）定植时期

北方地区冬季比较寒冷，春季干旱，山地缺少浇水条件，从多年的实践经验看，秋季栽植成活率高于春季栽植。有条件的地方应以秋季栽植为主。秋栽从落叶到土壤结冻前进行，具体时间为 11 月上中旬（立冬前后）。秋植土壤墒情好，成活率好，根部伤损易愈合，翌年春季根系和新梢萌动早，也能加速幼树生长，生长发育良好，但是必须在土壤封冻前进行防寒措施。否则，易造成冻害，抽条严重，不能成活。

春季栽植是在土壤解冻后到春季苗木萌芽前进行。冬季气温较低、冻土层很深，干旱多风的地区，多采取春栽。春栽能有效地防止秋季栽植后所栽苗木的抽条和冻害。一般在土壤解冻后抢墒及时栽植，宜早不宜迟，否则，会因墒情不良影响缓苗和成活。春季栽植的树有时树苗发芽展叶很快，但生长一段时间，突然又会枝干叶枯死亡。这是因为有些树苗凭借自身贮藏的养分抽生了枝条，但由丁根系太弱，发芽抽枝的树苗长时间得不到供应的水分和养分，而贮藏在树苗体内的养分消耗殆尽，于是便干枯而死。也可能是因为栽植过深、条件不适而死亡。

（三）定植及管理

1. 定植

板栗园建园多采用实生苗栽植，再通过嫁接建成板栗良种栽培园。板栗实生苗栽植时，把苗木放在定植穴中央埋土踩实（三埋两踩一提苗）。一般实生苗栽植后不用定干，个别苗高1m以上时需在0.8m处定干。定干时应先查看主干上芽的分布情况，必须保证在剪口以下有2~3个发育充实芽，如果剪口下是空节，则可视芽的具体情况，降低或提高定干高度且剪口一定要平。

2. 浇水

苗木定植后浇一次透水。栽后一周密切观察土壤墒情，如表土干透后出现裂缝，应及时将裂缝封严以防止水分流失，同时再浇一次水。此时浇水量不必太大，浸润定植穴即可，以后视墒情及时灌水。

3. 套袋

新栽幼树尤其是秋季栽植的幼树，从上向下套一宽5cm、长60~80cm的透明塑料袋，待新芽萌发、见到叶片时，在袋顶上扎眼放风，并随着叶片生长逐渐加大，直至彻底扯开袋顶。5~7d后新梢完全暴露时，撤去塑料袋。套袋既可以保水，又可以防止金龟子类害虫危害刚萌发的幼芽，还可以提高袋内气温，促进生长。

4. 树下覆膜

定干后用一块1m见方的塑料薄膜覆盖在定植穴上，四周高中间略低，四周用土压严实，可保持定植穴内水分，同时使土温升高加快，有利于苗木生根。尤其是新栽植幼树，覆膜后成活率提高，缓苗期缩短，越冬抗旱能力增强。

5. 补栽

2 周后检查苗木成活情况，未成活的及时补栽。

6. 中耕除草

应该及时锄草，减少对水分和养分的竞争。

7. 施肥

在生长期叶面喷肥 2~3 次，前期喷施 0.3% 尿素，后期喷施 0.3% 磷酸二氢钾；7 月份至 8 月份追施复合肥一次。

8. 病虫害防治

新植（幼龄）板栗树主要有白粉病、栗链蚧、金龟子、尺蠖、板栗叶螨等病虫害，应根据病虫害发生情况采取措施及时防治。

（1）白粉病

萌芽前喷施 3~5 波美度石硫合剂兼预防多种病害。大面积发生时每隔 7d 喷一次 50% 硫悬浮剂 300 倍液或草木灰浸提液（草木灰 5 份、水 1 份，过滤 24h 后用），连续用药 2~3 次。

（2）栗链蚧

该虫防治关键时期是幼虫孵化后 1 周左右。燕山地区最佳防治时期在 5 月中旬至 6 月中旬，可选用 25% 扑虱灵粉剂 1500~2000 倍液、24% 螺虫乙酯悬浮剂 2500 倍液、50% 杀螟松 1000 倍液，间隔 2 周，连续用药 2~3 次。

（3）红蜘蛛

第 1 代幼螨 5 月上旬喷药，用 5% 尼索朗 2000 倍液、20% 螨死净 3000 倍液、20% 扫螨净粉剂或 10% 浏阳霉素乳油 1000 倍液等。

（4）金龟子

用 100 倍氯氰菊酯乳油拌菠菜放于栗树下，可诱杀大量成虫。利用其趋光性、趋化性，在园内设置黑光灯和悬挂糖醋液罐诱杀成虫。也可栗园放鸡或人工捕杀。

（5）尺蠖

5 月份至 8 月份园内设置黑光灯诱杀成虫，大发生时叶面喷 25% 灭幼脲1500倍液防治。

9. 防寒

在影响苗木生长的生态因子中，温度是决定其存活的关键因素，我国北方地区冬季寒冷、干燥多风，经常使一些新植的板栗苗木在冬季至早春季节遭受冻害，致使树木局部枝条枯干，轻则部分枝条受害，重则会全株死亡。为使树木安全越冬，必须采取相应的防范措施。

（1）埋土防寒

即于冬季土壤封冻前，先在苗木根部一侧培一个小土堆，高10cm，然后将幼树轻轻向土堆方向弯倒，使顶部接触地面，然后用土埋好，埋土厚度一般20～40cm，待第二年春季土壤解冻后，及时撤去防寒土，并将幼树扶直。

（2）蛇皮袋填土防寒

对于不易弯倒的苗木，也可以将蛇皮袋套在树苗外面，袋内填土进行防寒。

（3）套塑料筒防寒

用塑料筒套在树苗外面，使用方便，效果更好。到春天发芽1cm后，再将塑料筒去掉，还可防止春天金龟子等食叶害虫。

10. 防止幼苗抽条

板栗抽条俗称"损茬""傻窝子"。幼龄栗树或成龄栗树的一年生枝条，在冬、春季节往往因脱水发生皱皮或干枯，这种现象称为"抽干"（抽条），特别是幼龄栗树更为严重。发生抽条后，轻者生长不良，树形紊乱，推迟结果；重者整株枯死，造成严重缺株。

幼龄栗树抽条的原因是冬、春期间，土壤水分冻结，栗树根系不能吸收水分或吸收量极少，而地上部分枝条的蒸腾作用却一直进行，使树体水分打破了原来的平衡，出现了生理干旱。干旱超过栗树的忍耐力时，即会发生抽条。幼树抽条多在冬末春初气温回升之后（2月上、中旬）发生。在冬季雪少风大，气候干燥的地方常常在冬季（12月中、下旬）就抽条。

抽条与品种、枝条成熟程度以及栽植环境密切相关，在同一品种内，以枝条生长充实、木质化程度高的抗性强，反之则易发生抽条。

防止幼栗树抽条，要从两方面着手。首先提高栗树树体越冬能力，其次是采取保护措施，加强对树体的保护。增强栗树越冬性能，提前结束营养生长，使组织充实，充分木质化，枝条营养贮藏较多，持水力强，蒸腾量小。为此，应在树体管理上做到栗树生长前期快速，后期控制肥水，促其及时停止生长。另外在有水源、浇灌条件的地方，在土壤上冻前浇封冻水、涂白以及在初春土壤解冻时进行中耕松土等，这对防止幼树抽条有一定的作用。易抽条的品种在冬剪时，可适当提前进行冬季修剪。

还可采用主干涂聚乙烯醇方法，采用聚乙烯醇∶水 = 1∶30 ~ 1∶50 的比例进行熬制。首先用锅将水烧至 50℃ 左右，然后加入聚乙烯醇（不能等水烧开后再加入，否则聚乙烯醇不能完全溶解，溶液不均匀），随加随搅拌直至开锅，再用文火熬制 20 ~ 30min 即可，待温后使用。

三、栽植密度

（一）确定板栗园合理密植的依据

板栗园合理的密植，就是使板栗树群体能最大限度地利用光能、空间和地力，从而使一个单位土地面积能获得较高的产量和经济效益。板栗园树体群体结构在它们的整个生命周期和年生长周期中均在不断变化，因而对光能、空间和地力的利用率也处在动态变化中。5 ~ 10 年生栗园的合理密植，到了 15 ~ 20 年时，显然是不合理的，所以栗园的合理密植具有时间性。

板栗园的栽植密度应考虑生物学特性、土壤条件、气候、栽培管理技术等因素的影响，各因素之间又相互促进，相互制约。

1. 栽植密度与品种生物学特性的关系

板栗嫁接苗定植后 1~3 年，以高生长为主，侧枝数量少，冠幅扩大缓慢。4~6 年高生长逐渐减慢，随着侧枝数量和结果量的迅速增加，冠幅急剧扩大。7~8 年冠幅扩大的速度达到高峰期。相同环境条件下不同品种冠幅大小差异明显。因此，品种冠幅的大小及其变化规律可作为栽植密度的依据。

2. 栽植密度与立地条件的关系

气候、土壤、地势等条件对板栗树的生长发育影响较大，是影响栽植密度的主要因素。我国北方地区气候较寒冷、干旱，年生长期短，板栗树营养生长势比南方地区稍弱。因此，北方地区的栽植密度比南方地区可以密一些。

3. 栽培管理技术和栽植密度的关系

集约经营、管理技术水平较高的栗园，可以适当密植。粗放经营、管理技术水平较低的栗园，栽植密度不宜过大。

4. 计划密度

据观测，栗园郁闭度超过临界值 0.8 时，产量开始下降。为了避免密植栗园由于郁闭引起产量下降，密植栗园可以采用计划性密度。做法如下：栗园栽植前根据栗园综合条件设计一种永久性密度，按永久性密度栽植的栗树叫永久株；在永久株之间，栽植临时性的栗树，临时性栗树的数量一般为永久性栗树的 2~4 倍，例如永久株每亩设计 33 株，临时性栗树栽植时为 66~132 株/亩。临时性栗树可分 1~2 次间伐。

（二）栽植密度

1. 常规推荐密度

一般生产上推荐的最佳栽植密度为 3m×4m，一般可适用于各种土壤条件和各类品种，这样能保证板栗之间良好的生长。

2. 山坡地种植密度

以前稀植板栗一般株间距 10 多米，单株产量较高，但单位面积产量不高。通过近些年不同密度对比观察、试验，适宜密度为 40 ~ 60 株/亩；集约化程度较高的园地密度可适当高些，但最高不超过 60 株/亩。鱼鳞地、谷坊地要根据整地情况定，原则上山坡地光照好密度可大些，山谷地光照差密度可小些。

3. 平地密植园的密度

密植是现代板栗获得早期丰产的重要手段。密植栗园一般要求建立在地势开阔、平整的坡下或平原地，便于加强管理。一亩 2m×4m 株行距的板栗密植园，管理措施配套落实，第 5 年便可进入盛果期，体现出了早果丰产的特点，是今后板栗栽培的发展方向。

一般密度可以用（2 ~ 3m）×（3 ~ 4m）的株行距，每亩栽 55 ~ 110株，以获得早期丰产。实行控冠修剪，保持树体矮化、健壮。10 年左右，可进行间伐，密植树生长到一定阶段，园内开始郁闭，应及时伐除部分密挤树，使园内始终保持良好的通风透光条件，维持矮冠型，以便于管理和保持稳定的产量。适宜密植栽培的品种河北主要有燕山短枝、遵玉、遵达栗、紫珀、燕山早丰、大板红等。

近几年来，在密植园试验研究中，也开展了一些高度密植园试验，每亩种植 110 株以上，达到前期产量高的目的。但是，很快过度密植的栗园树冠郁闭，严重光秃，产量下降，栗果质量差。因此，板栗密植不是越密越好，应科学合理规划。

4. 其他条件下的栽植密度

（1）栗粮间作方式的栗园

适宜密度为 15 ~ 22 株/亩［株行距 3m×（10 ~ 15m）］，土壤条件较差的采用 22 株/亩，土壤肥沃的可栽 15 株/亩。

（2）平坦的河滩地及缓坡地

初植株行距 2m×3m 或 3m×4m，永久树保留 4m×6m 或 6m×8m。保

留植株呈方形或三角形配置。

（3）30°以上山坡地

沿等高线方向为株距，坡向为行距，初植行距3～4m，株距3m，间伐后的株行距为6m×（3～4m），保留植株沿等高线三角形配置。

（三）栽植方式

栽植方式应在确定栽植密度的前提下，结合经济利用土地、便于机械管理以及当地自然条件和栗树的生物学特性来决定。生产中主要采用以下几种：

1. 长方形栽植

是目前生产上广泛采用的一种栽植形式。其特点是行距大于株距，通风透光良好，便于机械操作，管理及采收。

2. 正方形栽植

行距、株距相等，相邻四株可连成正方形。其优点是通风透光良好，管理方便。但若用于密植园，其树冠易于郁闭，通风透光条件差，且不利于间作。

3. 三角形栽植

株距大于行距，各行互相错开而呈三角形排列。此种栽植单位面积可比正方形多栽11.6%。但不便于管理和机械操作。

4. 带状栽植

即宽窄行栽植，带内由较窄行距的2～4行树组成，实行行距较小的长方形栽植。两带之间的宽行距（带距），为带内小行距的2～4倍，具体宽度以便于机械操作为准。由于带内较密，群体抗逆性较强。但单位面积内栽植株数较少。

5. 等高栽植

适用于坡地和修筑有梯田或撩壕的栗园。实际也是长方形栽植在坡地栗园中的应用。在计算株数时还要注意"加行"与"减行"的变化。

四、嫁接

板栗实生苗建园后，应在栽植 2 年后完成品种嫁接，燕山山区和太行山山区应根据各地不同立地条件和气候特征，选择适宜当地栽培和发展的品种。目前，河北省推广应用的板栗良种主要有燕山早丰、大板红、东陵明珠、遵化短刺、紫珀、遵玉、替码珍珠、燕山短枝、遵达栗、燕明、燕光等。

（一）嫁接时期

嫁接时期，因各地的气候条件不同而有差异；同一地区小气候不同，嫁接时期也不尽一致，嫁接时期应以当地板栗物候期为准。嫁接的最适宜时期是砧本树萌芽后至展叶前，以桃花盛开时为参照。此时气温升高，树液流动，形成层活跃，树皮易剥离，嫁接成活率高。如果嫁接过早，温度低，接穗在外部裸露时间长，影响成活率。嫁接时间过晚，砧木已经展叶，此时气温高，虽然嫁接口愈合快，成活率也高，但砧木在展叶时已消耗大量营养，接穗成活后生长量小。如：燕山板栗嫁接时间一般在 4 月中旬至 5 月上旬为宜。

（二）嫁接方法

1. 带木质芽接

春季带木质芽接：4 月中旬、下旬，利用未萌动的贮藏接穗进行；秋季带木质芽接：8 月下旬至 9 月上旬进行，采集生长健壮、发育成熟的当年生枝作接穗，随采随接。带木质芽接，芽片较厚，比较耐旱、耐寒、抵御冬春不良气候的能力强，成活率高。

2. 插皮接

4 月中旬至 5 月上旬，要求在接穗发芽以前，砧木离皮以后进行。此种方法成活率较高，河北省运用此方法的较多。

①砧木处理。在砧木上选择光滑部位，距地面10cm以上剪断，剪口要平滑。

②削接穗。在接穗上选取2~4个饱满芽，上端剪平，并在下端芽的下部背面削成大于5cm的平滑大切面，并在切面两侧轻轻削两刀，以削去一丝皮层、露出形成层为宜，然后在大切面的另一面再斜削两刀，削成楔形，以便插入，最后用湿布包好或泡在清水中待用。

③接合。嫁接刀翘起砧木断面皮层，迅速将接穗大切面朝里插入。露白0.5~1cm，为成活后产生的愈合组织留足空间，以利愈合。一般每个砧木插1~2个接穗，砧木粗的，也可插3~4个，接穗发芽成枝后，选留1个好的，多余的剪掉，也可根据实际进行选留。

④绑缚。嫁接完成后，用塑料条绑缚接口，要绑紧、包严。

3. 劈接

与插皮接相比较，劈接法的嫁接时间较早，可进行嫁接的时期较长，一般在3月中下旬便可开始，直到4月上旬结束，适合于粗度1cm以上的粗砧木嫁接。嫁接时，将砧木离地面20cm左右锯断，用刀削平断面，避开砧茎的维管束，选光滑处在砧木中间垂直缓缓切入劈一裂口，深度3cm左右，注意裂口不宜过深过大，要注意整齐光滑。将带有2~3芽的接穗下端削成双斜面的偏楔形，斜面长约3cm，楔形的外侧宜稍厚于内侧。然后将厚的一侧向外，插入砧木接口，使砧穗形成层互相对齐，接穗两侧削面的上端"露白"0.5~1cm，然后用塑料条将伤口包扎严密。

（三）接后管理

嫁接成活后，要及时抹除砧木上的萌蘖，以便集中养分。15~20d检查成活率，当嫁接新梢长到20~25cm时，将绑缚在接口上端的塑料条解掉，然后接口下方绑好，以利于接口愈合。同时，设立支柱，引缚新梢，防止风折。当新梢长到40cm以上时，要进行摘心去叶处理。摘心后再摘

掉顶端的2~4片叶片，促发新枝，扩大叶面积，以利于嫁接新梢，加粗
生长和接口愈合。嫁接未成活的，要及时补接。萌发的新梢嫩芽，常受金
龟子、象鼻虫等为害，要及时进行人工或药剂防治。另外，还要加强肥水
管理和中耕除草，特别要注意的是在解绑前不能浇水，以免接口积水，影
响成活。

五、授粉树配置

（一）配置授粉树的原因

板栗树是异花授粉的树种，它有雌雄异熟现象，雌花量少，自花授粉
不结果或结果率极低，一般只有10%~40%，采用混合花粉授粉，结实率
可在63%~82%，而种植适宜的授粉组合或人工授粉，结实率可达到
90%，若不能保证授粉效果，则产量难以保证和提高。

由于板栗雌花与雄花的花期常常不一致，雌花盛花期时雄花盛花期可
能已过，甚至有的品种雌雄花期完全不能相遇，另外板栗品种不同，雌雄
花期也不相同，若授粉树种配置不当，就会造成板栗空苞。因此，根据不
同板栗品种的开花物候期，正确选择和配置授粉树种与板栗的结实及产量
的高低有着密切的关系。所以，种植板栗树时要选择与主栽品种相搭配的
授粉树。

（二）授粉品种的选择依据

1. 与主栽品种花期一致

授粉品种花期最好与主栽品种的花期一致或大部分花期时间一致，且
能产出大量发芽率高的花粉。开花期相遇才能完成授粉，相遇的时间越长
越好，有利于提高结实率。

2. 授粉亲和力要强

授粉品种与主栽品种授粉亲和力强，无杂交不孕现象，能产生高质量的栗果。

3. 花量大、花粉多、花粉发芽率高

选择成花容易、花量大、花粉多且生命力强的授粉品种，且主栽品种与授粉品种之间的距离在 20m 范围内为宜，既可保证授粉受精质量，又可以有效地提高坐果率。

4. 果实成熟期一致或前后衔接

授粉品种与主栽品种果实成熟期一致或前后衔接，且年年开花，经济结果寿命相近。

5. 适应性强、经济价值高

授粉品种与主栽品种要有相当的适应性，最好不需要特殊的管理；果实品质好，经济价值高。

6. 花粉直感好

植物（果树）杂交当代种子的胚乳表现父本性状的现象称为直感。不同品种授粉后，花粉当年内能直接影响其受精形成的种子或果实发生变异的现象称为花粉直感。栗树的花粉直感现象表现明显，父本的坐果率、单粒重、品质、果肉颜色、涩皮剥离难易、成熟期早晚、贮藏性能（失重率、变褐率、烂果率等）等对当年母本结果均有影响。因此要用优良性状的品种作为授粉树，这样授粉后所结果实外观或内含物会有良好的提升，或没有明显的影响。

（三）授粉品种配置方式

1. 行列式

一般大中型栗园中配置授粉树，采取行列式较多。应沿小区长边，按树行的方向成行栽植。梯田坡地栗园可按等高梯田行向成行配置。主栽品种和授粉品种隔行栽植，一般是栽 1 行或数行主栽品种栽 1 行授粉

品种（一般配置 1~2 个授粉品种），主栽品种与授粉品种的配置比例多为 8：1~10：1。

2. 中心式

即为主栽品种栽在授粉品种的四周，多用于小型栗园中、栗树作正方形栽植时或授粉品种配置少时。主栽品种与授粉品种的配置比例多为 8：1~15：1。采用此栽植方式需具备的条件：主栽品种具有一定的自花结实能力或单性结实能力，与授粉品种花期一致或基本一致，授粉亲和力强；授粉品种成花易，花量大，花粉多。栽植雌雄异株树种时也多采用此配置方式。

3. 多元式

一般指配置 2 个或 2 个以上授粉品种的配置方式，以利于授粉品种给主栽品种充分授粉。此配置方式主要用于主栽品种花器雄蕊败育、坐果率不高的品种。

4. 随机配置

（1）山地栗园

山地地形复杂多变，有的小面积梯田或窄面梯田只能栽几行甚至几株栗树，不利于传粉授粉，因此应适当地多配置授粉树。如窄面梯田，可隔 1~2 个梯田（两梯田只能栽 2~3 行栗树时）配置 1 行授粉品种；或采用近似中心式的配置方式，在需要栽植授粉品种的行中，每隔 2~3 株主栽品种栽 1 株授粉品种。授粉品种多栽植在靠近梯田的下沿，居高临下以利传粉。

（2）零散的小面积园地

可在几株主栽品种的中心，选择稍高地点栽植 1 株授粉品种。

（四）授粉树的配置量

主栽品种与授粉品种，在经济价值上基本相当、又能相互授粉比较理想；计划栽植 2 个或 2 个以上的主栽品种，所选的几个品种又能相互授粉。以上两种情况可采取等量栽植，采用行列式配置。

多数情况下，授粉品种的经济价值没有主栽品种高，在尽量减少不利影响而又较好地实现授粉目的的前提下，可适当少配置一些授粉品种。此种情况采用中心式配置为宜。

主栽品种距授粉品种越近坐果率越高，生产上一般要求授粉品种距主栽品种不超过20m。

（五）授粉树的管理

主栽品种和授粉品种在管理上应基本相同，但如果生长势弱的主栽品种配置生长势强的品种作为授粉品种，对授粉品种就要采取特别的管理措施，使主栽品种与授粉品种的树体大小达到基本一致。一般采取的措施多为控制授粉品种营养生长，即在管理上可采取控长促花措施，既缓和了树势，又促进了花芽分化，有利于授粉；还可多留果，以果压树，控制授粉品种的营养生长。

（六）授粉树配置不当的补救措施

授粉树配置不当常表现为配置授粉树数量不足、授粉品种不合适、授粉树管理不当等。解决方法：在花期采取放蜂、人工辅助授粉、喷洒植物生长调节剂等，但最根本的解决措施是采取高枝嫁接换头法。

配置授粉树不足的栗园，采用高枝嫁接换头法或加植授粉品种。根据授粉树的配置方式，把现有的部分栗树高枝嫁接上授粉品种，以此来弥补授粉树的不足；如果栗园株行距空隙较大，则可加植授粉树。

授粉品种不合适或又选育出更优良的授粉品种的，可改接上合适的授粉品种或更优良的授粉品种。授粉品种的高枝嫁接换头要分期进行，切勿一次性改接完，以免严重影响授粉效果；在分期高枝嫁接换头的年份，在花期要加强对主栽品种的辅助授粉措施，降低因高枝嫁接换头造成的不利影响。

授粉树管理不当，出现"大小年"结果，小年花少影响到授粉效果的，应加强授粉树管理，多留花，适当少留果，确保年年满足授粉的需要。

房前屋后、庭院、行道、绿化等孤植无授粉树的栗树，可在树冠上部选几个高枝嫁接上 1～2 个授粉品种。

第六章 土肥水管理

一、土壤管理

（一）加强土壤管理的意义

进行合理的土壤管理，可增强土壤通透性，改善土壤理化性状，促进微生物菌群活动，进而提高土壤肥力，保持水土，促进根系生长，保障板栗树体健壮生长。

（二）土壤管理方法

1. 深翻扩穴

深翻扩穴是土壤管理的一项重要内容。目的是通过人工拓松深层土壤，扩大营养面积，促进根系深扎，提高树体的抗灾能力，增强树势。

深翻扩穴的方法是在树干的上坡面、距树干 1.5m 以上处挖弧形沟，沟深 40cm 以上，宽 40cm 左右，将挖出的生土围在树干下侧，加固树下工程。挖时注意尽量不要伤根，挖完后将表土或杂草混合回填，这样可以增加土壤有机质和土壤肥力，起到扩穴和压绿肥双重作用。

深翻扩穴应坚持年年做，逐年外扩，每年扩展 40cm 左右，这样树下土层将会全部拓松，使大部分根系处在良好的生长环境之中。扩穴后的土壤渗水和存水能力将进一步增强，从而提高栗树的抗旱和生产能力。

另外，每年秋后应将当年落下的树叶、采后的栗蓬、剪下的树枝及杂草等埋于树下，这些物质腐烂后都是很好的肥料，能有效地改良土壤，增加土壤有机质。

2. 修建树坪

河北省板栗多数栽植在山区，地形复杂的地段或散生栗树，可以采用建树坪的方法。建树坪应该根据当地条件，取石方便的地段可建石坝树坪，没有石头的地方可以建土坝树坪。

（1）石坝树坪

于树冠下树冠投影内垒筑半圆形坝墙，垒前要打好地基。墙高依地势而定，缓坡可低些，陡坡要高些，垒完后外沿要高于内侧，形成一个水盆，降雨时上坡流下的雨水可拦截在盆内，慢慢渗入树下土壤中。

（2）土坝树坪

于树干下侧树冠投影内筑一半圆形土埂，土埂顶端各部位要水平，树干部位土埂高度应达到 40cm 左右，并在上侧边缘留一溢洪口。雨水过多时从溢洪口排出，以防冲坏埂沿。此种方法由于水盆较大，有较强的水土保持能力，犹如给每株栗树修了个"小水库"，因此称为"一树一库"。

（3）水平沟（围山转）

栗树比较集中的连片栗园按水平线开挖 70cm 深、宽 1m 左右的水平沟。遇有树根较多的地方可浅挖或躲开，尽量少伤树根，挖出的下层土做成外沿田埂，上层土回填至沟内，回填后形成土坝梯田或围山转的形式，这样既起到了拦水保土作用，又起到了深翻扩穴作用，是极好的水保工程措施。

这种树坪筑坝或开水沟蓄水工程施工时应灵活掌握，现有许多栗园栽得比较杂乱，不在一条水平线上，做工程时要坚持水平，有妨碍的树可躲开。水平沟土坝外沿必须是水平的，以起到更好的拦水保土作用。

（4）闸沟垒坝

生长在沟谷的栗树，因受连年雨水冲刷，根系裸露，树势衰弱。这部分树如果加强管理，增产潜力很大。通过闸沟垒坝的形式增厚土层，拦住雨水，能使树势很快恢复，提高经济效益。

闸沟的具体做法是采用弧形坝，以提高抗冲击能力。垒坝前要清好地基，并在沟中央砌一泄水涵洞，或用乱石铺成渗水带，以利排水，防止涝害。拦水坝应每隔10m左右垒一道，直到沟底，弧形坝垒好后要进行回填，形成梯田。这样既可间作粮食，又为栗树创造了一个良好的立地条件。

3. 中耕除草

每个生长季进行 2~3 次，尤其是在雨季，保持土壤疏松，中耕深度 10~20cm，防止土壤板结，利于蓄水保墒，同时可以防止杂草与树体争夺养分。

栗农有用宽刃镐浅刨的方法松土除草，有"春刨根，夏刨花，秋刨栗子把个发"的说法。松土除草除用镐浅刨外，还可用锄头进行锄耪，做到树下土松草净，有利于树下营养转化，使树下养分得到有效利用。

4. 树盘覆盖

树盘覆盖是防止生草、提高土壤肥力的一种有效方法。有条件的地方可以利用秸秆、田间杂草，每年秋收之前将上一年的覆盖物结合耕翻埋入土中。秋收之后，将秸秆等盖满树盘，厚度 15~20cm，上面撒上一层薄土，防止被风吹跑。

5. 栗粮间作

实行树下间作，可提高土地利用率，促进板栗园收入，增加板栗园经济效益。板栗园间作应种植矮秆作物，如豆类、薯类、谷类、菜类及各种瓜类。既要考虑间作物有较高的经济效益，又要考虑到不影响板栗生长结果，达到双赢的效果。

很多板栗园间作花生、白薯，效益都很不错，树下间作倭瓜的亩经济效益达千元以上，在树下间作栗蘑也能产生较好的经济效益。因此，各地应根据本地实际，选择适宜的间作物。

板栗园间作不论选择何种间作物，都应尽量提早种植，在栗树展叶前长到一定程度才能生长发育良好，尤其瓜菜类早种早熟，价格高，效益好。

6. 栗园生草

近年来，河北省不少板栗产区推行板栗园生草栽培方法，达到了良好的栽培效果。板栗园生草以当地自然生草为主，雨季适当追入部分尿素等肥料，促进草类生长，当草类生长至 40～60cm 时进行刈割，刈割下来的青草当作绿肥覆盖于树盘内，每年视草类生长情况刈割 2～3 次。板栗园树下生草，可以节省板栗园生长季节清除杂草等相关费用，降低了生产投入，并能逐年增加土壤有机质含量，达到沃土壮树的目的。同时，板栗园树下生草能有效防止土壤板结，改善土壤结构，提高板栗园的生产能力。山区坡地板栗园进行生草，可以有效防止坡地板栗园水土流失，并能对坡地板栗园起到固土、保肥和保水的作用，有利于板栗增产及丰收。

二、施肥

板栗同其他果树一样需要施肥。合理施肥可以促进树体健壮生长，增强抗性和延长结果年限，获得高产稳产。板栗每年生长结果都要从土壤中吸收大量营养物质，土壤中营养供应不足或缺少，直接影响到板栗树生长和生产。施肥能有效补充土壤营养供应能力，并改善土壤的理化性状，为树体生长发育创造良好的条件。施肥应与其他管理措施密切配合，才能收到好的效果。

（一）板栗树营养元素吸收规律

板栗树在不同的生长时期吸收的营养元素种类、数量不同。氮素的吸收是从萌芽前，即根系开始活动后开始，随着物候期的变化，树体活动逐步增强，吸收量逐步增加，直到采收前仍在上升；板栗采收后对氮素的吸收量开始下降，到 10 月下旬吸收量最小；在整个年生长周期中，以果实膨大期对氮素吸收量最大。磷在开花前吸收量很小，开花后到采收期吸收较多且比较稳定，落叶前停止吸收。因此，磷的吸收量比氮、钾要小，吸收时间也短。钾的吸收在开花前较少，开花后吸收量迅速增加，果实膨大期到栗果采收期吸收最多，采收后吸收急剧下降。

板栗虽然耐瘠薄，但立地条件差、肥水条件不好的话，仍然会使树势减弱，产量降低。因此，要使板栗树生长健壮、高产稳产，必须加强综合管理，改良土壤，做好施肥工作。施肥对板栗有明显的增产效果，同等立地条件下的栗树，合理施肥的板栗亩产可增产 50% 以上。板栗树施肥不仅可提高产量，而且栗果质量好，果个大，树势强壮，雌花量增多，空蓬减少。

（二）施肥时期

适时施肥有利于板栗树体对养分的吸收和利用，充分发挥肥效。这对于新梢生长、花芽分化、果实膨大、提高产量和品质以及抗逆性等，都是非常有利的。根据栗树生长活动的周期变化，我们常把栗树停长期施肥叫作基肥，在栗树旺长期施肥叫作追肥。

1. 基肥

基肥的施用一般在果实采收后的秋季或第二年的春季进行。根据板栗根系活动规律，基肥以秋季施入最好。秋季施肥应根据实际情况尽量早施，一般在栗果采收后、落叶前进行。此时气温较高，树体仍有一定活动能力，根系生长较旺盛，施肥后有利于根系吸收和伤根的愈合，对第二年的生长和增产作用明显。

春季施肥也应适当早施，应在土壤解冻期间进行。土壤解冻时，土壤墒情最好，此时施肥有利于肥效的发挥和根系吸收。春季施肥时间比较紧迫，不如秋季时间长便于掌握。

2. 追肥

追肥是在栗树生长季节施入的补充肥料，常采用树下追肥和根外追肥。树下追肥多在雨季栗果膨大期时追施一次；根外追肥则可结合喷药多次喷施。追肥对板栗生长和增产有显著作用，因此必须重视栗园追肥。

（三）施肥种类及施肥量

根据板栗需肥特点及立地条件，施肥应从提供营养、培肥地力两个方面考虑，确保板栗高产稳产。

1. 肥料种类

在施肥时应有机肥和复合肥结合，单一肥料和混合肥料结合，并充分利用自然资源压绿肥，增加土壤有机质。有机肥以商品化有机肥、高效生物菌肥为主，也可辅以腐熟的农家肥。绿肥以栗树本身的枝蓬叶花及杂草、荆棵、紫穗槐为主，辅以二氨、尿素、碳铵混以磷钾肥等；也可在园内间作绿肥植物，于雨季进行翻压。在根外追肥的肥料中，使用尿素、磷酸二氢钾效果比较好；根据树体生长状况也可喷一些硫酸锌、硫酸亚铁、硼砂等微肥，有针对性地喷施微肥可收到良好效果。

2. 施肥量

掌握适宜的施肥量可获得较好的经济效益。施肥过量，易造成板栗树枝条徒长，形成浪费；施肥过少，板栗树达不到理想的生长生产状态。确定板栗树施肥量的标准应以树冠投影面积或板栗实际产量为尺度，即单位面积施肥多少应以获得最佳经济效益的施肥数量为标准，根据不同肥种有效养分含量确定适宜的施肥量，这才是合理施肥。

基肥，一般每亩施入有机肥1000~3000kg；追肥，萌芽期成龄树每亩施入30kg复合肥，有利于促进成花。如板栗开花后形成的雄花过多，容易造成树体衰弱，叶片发黄，此时追肥应以氮肥为主，磷钾肥次之，每亩15kg左右。采收前10~15d是坚果营养积累关键期，施肥应在采收前20~30d施入，以钾肥为主，氮磷肥为辅，每亩30kg左右。叶面喷肥6月份至

7月份喷施0.3%尿素 +0.3%磷酸二氢钾3~4次。

（四）施肥方法

1. 施肥部位

吸收根的分布范围是确定施肥位置的主要依据。栗树根系除吸收根外还共生有大量菌根。这些菌根也起着吸收矿质营养及水分的重要作用。栗树的菌根主要分布在栗树树冠外缘垂直投影内侧20~80cm范围内，也是板栗主要的施肥区。板栗的吸收根及菌根的主要分布部位为地表以下20~60cm范围内，这是基肥主要的施用部位。

2. 基肥施用方法

有机肥虽然肥效缓慢，但具有有效期长、养分移动性小的特性，能起到改良土壤的作用。因此，有机肥应深施，施入部位应在菌根及吸收根的主要分层内。施肥沟深60cm，宽30~40cm。可采用间隔1m的轮状沟施，即在树冠垂直投影的外沿内10~50cm，挖1m长的弧形沟，沟间距1m，来年交替开沟。也可采用条沟状施肥，即在树冠两侧各挖一条2~2.5m长的施肥沟，来年在另两侧挖沟，交替进行。施入的肥料要与土壤混匀，施肥后应灌透水。施有机肥每年轮换位置，并逐年外延，效果更好。

3. 追肥方法

追肥施用范围比基肥大，但深度可以浅一些（一般10~15cm）。施肥方法可以采用放射沟施与环状沟施交替进行，也可以在树冠下开深10~15cm的多点穴状施肥。

4. 根外追肥（叶面喷肥）施用方法

根外追肥简单易行，用肥量少，肥效发挥快，经济有效，可满足树体急需，又可避免某些元素在土壤中的化学和生物固定。还可补充各种微量元素，治愈缺素症。根外追肥能促进花芽分化，防止落果，增加单粒重，促进植株代谢正常运行等。

叶面喷肥浓度不要过高，一般控制在1%以下，春季浓度稍小些，秋季浓度可较大些。叶面施肥不宜使用挥发性及极性过强的肥料，以中性小分子肥料为好。喷肥时间应避开高温炎热蒸发过快的中午及阴雨天，最好于晴天的 10：00 以前或 14：00 以后进行。在喷肥前应先将肥料充分溶化后再稀释使用，避免灼伤叶片。忌与强碱、强酸性农药混合使用。

5. 施肥注意事项

一是不要把肥料施在粗度 1cm 以上的粗根上，这类根系不能吸收肥料，并且直接接触高浓度肥料时会烧伤根系。二是在一个施肥沟内施用过多速效性肥料，会使土壤肥料浓度过大，伤害根系，甚至导致吸收根和菌根死亡、腐烂。三是板栗根系生长速度较慢，受伤后难恢复，幼树期更要注意保护好根系。四是施基肥尽量施用腐熟后的农家肥。

三、灌溉

板栗虽抗旱性较强，但生长发育过程中的需水量仍是较大的。

（一）板栗生长对水分的需求

板栗树生长过程中需要适量水分，一年中不同物候期板栗生长对水分需求不同。应在不同时期及时供水，避免栗园干旱造成减产。春季发芽前后是雌花分化发育的重要时期，水分不足会严重影响雌花序的形成数量。因此，在有条件的情况下，尽量灌溉一次萌芽水。6 月上中旬板栗进入盛花期，此时往往因缺水而造成授粉受精不良，出现大量的"空蓬"。土壤中的水分保持在田间最大持水量的 60%～80% 最适于板栗生长与结实的需要。因此，板栗关键的灌水时期是春季发芽前和 6 月中旬开花坐果期。

（二）灌溉方法

板栗树多生长在山区，具有灌溉条件的栗园不多，一般情况下，板栗树都是利用自然降水满足树体对水分的需求。出现特殊干旱情况，可采取人工措施进行灌水，以满足栗树生长生产需要。

1. 利用径流灌水

山地板栗园灌水主要从地表径流利用方面着手，充分利用自然降水，使栗树能够得到充足的水分。在树下修筑埂沿，做大水盆拦蓄径流，是利用自然降水灌溉的好办法。修筑树下埂沿拦（蓄）水工程拦截降水，减少地表径流，可以起到很好的灌水作用，并且省工、省力、省时，达到节本增效的目的。

2. 管道灌水

山地板栗园灌水建扬水站难度较大，投资多，收益少，因此应采用实用性较好的方法。用塑料管直接抽水上山，再用分管直接将水浇到树下的办法较为实用。栗园面积较大的可在园内埋设固定管道，1～2亩留出水口一个，在出水口上再接机动管直接引到树下，使栗树可及时得到充足的水量。管道灌水多用于降水量较少地区，生长时期干旱，持续时间长，天然降水无法满足栗树生长生产需要。管道灌水优点是省水、省工，可随时浇灌，并能及时缓解栗园旱情；缺点是投入较大、山地施工困难，不适于小面积种植的栗园，多用于规模化栽培或集中经营的栗园。

（三）蓄水方式

1. 修建蓄水坑（沟）

在无灌溉条件的山地栗园，充分蓄积、保存天然降水，是解决栗树生长发育需水的重要措施。在进行高规格隔坡沟状梯田整地时，在梯田内侧挖出深20～30cm的蓄水排水沟，将上部隔坡上产生的地表径流充分蓄积起来。也可在树体内侧修蓄水坑或蓄水沟，将地表径流拦截聚集起来，渗透到地下进行蓄积。

2. 建积雨水窖

山上建积雨水窖用于浇灌栗树也是解决栗园旱情的有效方法。通常一个标准水窖贮水一般在7000～8000kg，如利用得好，可解决2～3亩板栗园的需水问题。尤其在栽树、喷药等少量用水方面，积雨水窖的作用是非常明显的。

3. 秸秆覆盖

是利用农作物的秸秆、树叶、杂草等覆盖在栗树下，能避免降雨直接拍打地面，减少雨水的径流量，防止土壤冲刷并能增加雨水的渗透，减少水分蒸发量和保蓄土壤的水分；覆盖的秸秆经腐烂后可增加土壤的有机质含量，提高地力，同时又有利于微生物的活动；秸秆覆盖还能稳定土壤温度，降低昼夜温差。在草量少的地方可在行间生草，生草割下后覆盖在树冠投影范围内，一般覆草厚度为 15~20cm。

4. 铺设园艺地布

将园艺地布覆盖在栗树树冠投影范围内，可使土壤增温保湿，抑制栗园杂草生长，对于新建园效果尤佳。

（四）排水方式

过多的水分会导致板栗树的涝害，栗园内必须排水功能良好，不能积水，不能长时间过水，保持土壤透气良好。灌水过量易造成板栗树黄叶或落叶。

平地栗园，在建园时，可起垄栽植，以便排水。山地栗园，在梯田内侧，要建好排水沟，将多余的雨水引导到蓄水沟（窖）内，干旱时备用。

第七章　整形修剪

板栗整形修剪技术发展较慢，过去老百姓对板栗进行粗放管理，没有系统的修剪方法，逐年"去弱留强"，年复一年，板栗树体越来越高，形成"追边杆"，使结果部位外移，内膛光秃，单位面积产量极低，且管理不便，修剪及采收困难。近年来，通过对板栗生长结果习性的研究，在树形结构和修剪上都有了较大的突破。河北省农林科学院昌黎果树研究所提出的板栗"轮替更新"整形修剪技术、河北科技师范学院提出的板栗"抓大放小"整形修剪技术均对板栗整形修剪技术进行了改进和完善。目前，这两项板栗整形修剪技术在河北省板栗产区得到了广泛应用，并使板栗果实品质和产量得到大幅提高，受到板栗产区栗农的欢迎和好评。

一、整形修剪的作用

板栗树冠随树龄增长而扩大，枝叶过多，势必造成外密内空、树势早衰、大小年现象严重、产量和质量大大降低等问题。同时，板栗树冠高大，管理和采收难度增大，修剪和采收费力、费工，并存在安全隐患，不利于板栗安全生产。因此，板栗树整形修剪十分重要。第一，降低树体高度，控制冠层厚度，有利于板栗树体管理，并能降低生产劳动强度，达到板栗生产省力、省时、省工的目的。第二，提早结果。通过整形修剪，可以使树体提早成形，促进分枝，增加果枝比例，有利于早实丰产。第三，调整树体结构，扩大结果空间。板栗喜光，通过整形修剪使骨干枝分布均匀，结构合理，层次分明，可使内膛有良好的光照条件，防止内膛光秃，减缓结果部位外移，增大树冠有效结果容积。并可调整树冠各部分的枝叶疏密、分布方向和叶面积系数，使树冠的有效光合面积达到最大。第四，调节枝类组成比例。不同的品种、树龄要求有不同的枝类比例，只有通过修剪，才能使年生长周期内各枝类的组成比例及营养物质运转、分配和消耗，按正常的生长、生殖节奏协调进行。第五，调节生长与结果。通过修剪调节树体营养分配，稳定产量，提高品质，避免出现大小年，并可以平衡树势，使营养生长正常而不过旺徒长，结果枝适量成花、结实而不削弱树势，从而达到连年高产稳产的目的。第六，复壮树势。修剪还可平衡群体植株之间和单株各主枝之间的生长势，从而达到产量均衡，便于管理。此外，修剪也是使地上部位与根系保持协调生长的手段，通过特定的修剪方法，使弱树、衰老树更新复壮，再度丰产。第七，提高果品质量。树体留枝量过多，因营养不足而影响雌花分化，可导致栗果产量低、质量差，通过修剪控制枝量可显著提高栗果质量和产量。第八，减少病虫害。多数病虫害的卵和病菌孢子在栗树枝干上越冬，通过修剪可消灭大量虫卵和越冬病菌，减少打药次数，降低生产成本。

二、树形的选择

近年来新发展的板栗幼树多为密植栽培，土壤、光能利用率高，结果早，受益快。但控制不好，树冠很快郁闭，导致光照不良，内膛枝细弱，枝干秃裸，产量下降。目前生产上大多数树形为自然圆头形，内膛光照差、产量低。板栗属于喜光树种，根据果园立地条件，宜采用"开心形"和"小冠疏层形"，骨干枝少，结果枝多，主枝角度开张，实膛结果，有效结果面积大，单位面积产量高。这两种树形是目前板栗生产上较为理想的树形。

（一）开心形

主干高50～60cm，全树3个主枝，无中心干。各主枝在中心干上相距25～30cm，3个主枝均匀伸向三个不同方向，主枝角度50°～60°，各主枝左右两侧选留侧枝，侧枝间距60～70cm，在主侧枝上培养结果枝组。树冠较矮而开张，树体结构着光面积大，适于密植，是目前板栗生产上应用最多的一种树形。

（二）小冠疏层形

疏层形干高60～80cm，主枝共5个，一层主枝3个，主枝角度60°～70°，每个主枝两侧着生2个侧枝，第一侧枝距主干50cm，第二侧枝在第一侧枝的对面距40～50cm，侧枝基角50°～60°，在主侧枝上培养结果枝组。二层主枝2个，与一层主枝间距不小于1.5m，主枝上不留侧枝，在主枝上直接着生枝组，树高3.5～4.5m。板栗前期枝量少，为提高产量，一般以拉枝刻芽和短截刻芽增加枝量。所以，板栗前期不要过分强调树形，随着枝量的增加，逐步培养树形。

在生产中具体采用哪种树形，要根据立地条件和整形修剪技术水平等多种因素而定，对于肥水条件较好的栗园，宜采用开心形；对土层较薄、栽植密度较大的丘陵山地，宜采用疏层形。在生产中，各地应根据栗园立地条件、管理水平、品种特性以及栽植密度等综合因素，选择适用的树形，以发展不同地力条件、不同品种的最大增产潜力。

三、整形修剪技术

1. 板栗"轮替更新"整形修剪技术

板栗"轮替更新"整形修剪技术是河北省农林科学院昌黎果树研究所提出的一种优质丰产修剪技术，是由清膛修剪法→实膛修剪法→"轮替更新"修剪法发展而来。目前，该项技术由该所王广鹏研究员主导和推广应用，是当前板栗高效生产上采用比较多的整形修剪方法。

（1）调整树势

采用"轮替更新"方法修剪，先调整树势，使树势达到中庸偏壮状态，更新枝才能发育成好的结果母枝。树势过旺的板栗树修剪量要小，多留结果母枝，缓和树势；树势弱的板栗树修剪量要大，少留结果母枝，增强树势。

（2）调整主侧枝

对于盛果期大树，主侧枝较多，内膛光秃，通风透光差，应疏除部分主侧枝，一般开心形树形选定3~4个主枝，小冠疏层形树形第一层选定3个主枝，第二层选1~2个小主枝，两层主枝分枝点间距不小于1.5m，层间距大于80cm，其余主侧枝根据树势强弱逐年疏除。一般大枝疏除量不超过全树枝量的1/4，树势强则适当少去大枝，树势弱则多去大枝。

（3）调整枝组

调整主侧枝后，对侧枝上的枝组进行调整，首先将互相交叉重叠的枝组选择疏除，再将同一侧枝上的枝组进行调整，相邻枝组间距离不小于40cm，将过密枝组适当疏减，保证全树通风透光。

（4）轮替更新，培养结果母枝

疏除枝组时注意枝组周围有没有结果母枝，如果有结果母枝，则将枝组疏除，如果没有结果母枝，则在该枝组基部2~3cm处短截，使其基部隐芽萌发形成预备枝，第二年结果，避免内膛光秃。

结果枝组上三叉枝、四指枝、五掌枝较多，对此类枝组要进行轮替更新修剪，根据结果枝组树势强弱，保留1~2个健壮结果母枝，当年结果；在基部2~3cm处短截1个强壮结果母枝，促使其从基部萌发1~2个预备枝用于下年结果，其余中庸或偏弱枝疏除。第2年再将上一年结过果的母枝短截，促其发出预备枝，上一年新萌发的预备枝留下结果。根据枝组强弱，两码配一橛或一码配一橛或两码无橛，留两码下一年再进行留橛处理。如此反复轮替更新可有效控制树冠外移，并且每年都有壮果枝结果，保证稳产高产。

2. 板栗 "抓大放小" 整形修剪技术

板栗 "抓大放小" 整形修剪技术是河北科技师范学院张京政教授提出的一种省力化修剪技术，主要针对低产低效的郁闭板栗大树或郁闭板栗园提出的一项省力、高效、快速增产的修剪技术。对郁闭大树，疏除过密、过高、过粗的多年生主枝、大枝或枝组，而小枝基本不修剪的方法。

通过 3~5 年整形修剪，将板栗树修剪成 3~5m 的高度，大枝（主枝）数量 3~5 个，形成开心形树形，实现树体通风透光，一年生枝比例高，多年生比例低，丰产性、稳产性强。

第 1 年，疏除 2~3 个过密、过高、过粗的主枝、大枝或枝组、直立枝、重叠枝、交叉枝等，小枝不修剪。降低树高 1~2m。

第 2 年，继续疏除 2~3 个过密、过高、过粗的主枝、大枝或枝组、直立枝、重叠枝、交叉枝等，小枝不修剪。继续降低树高 1~2m。

第 3 年，疏除 3~5 个过密、过高的中枝（中型枝组），小枝不修剪。如板栗树依旧高大，可继续降低树高。

第 4 年，继续疏除过密、过高的中枝（中型枝组）；对部分多年生枝组，回缩到 3~5cm 长的短橛，翌春培养成新的营养枝，下一年即可结果。

第 5 年，疏除过密、过高的小枝（小型枝组）；对部分多年生枝组回缩，更新复壮，使之年年丰产。

四、修剪时期

成龄板栗大树的修剪时期主要以冬季修剪为主，夏季修剪为辅。板栗幼树修剪除冬、夏两季外，春天的拉枝刻芽和秋季的短截、摘心等工作也很重要。四季修剪的密切结合，是板栗树高产、稳产的重要保障。

（1）冬季修剪

落叶之后至萌芽前进行的修剪统称为冬季修剪。冬季是板栗修剪中最为重要的一个时期，一般12月下旬至翌年3月均可。冬季修剪不宜过早，过早的话剪锯口易干缩。也不宜过晚，3月下旬以后修剪，树液开始流动，容易造成营养损失，衰弱树势。

（2）春季修剪

即萌芽前一个月内的修剪。春剪主要在幼树上实施，是幼树早果、丰产的重要措施。幼树通过实施拉枝、刻芽、抹芽等春季修剪技术，可使幼树早期产量提高2~3倍。对于衰弱树，在冬季修剪的基础上，辅以春季修剪，产量可提高20%。

（3）夏季修剪

又称生长季节修剪，夏剪的主要工作集中在6、7月份。幼树和生长旺盛的成龄树，需清除内膛过多的娃枝和果枝基部的无效枝，并对生长过旺的新梢摘心，增加枝条数量，扩大结果面积。夏剪对幼树、旺树效果最为显著，是冬季修剪不能替代的。

（4）秋季修剪

秋剪主要在幼树上实施，8月上旬（立秋前后），对新嫁接幼树和过旺的新梢进行二次摘心，增加顶芽养分积累。另外，对幼旺结果树过长的果前梢在栗苞以上4~6片叶处摘心，减缓树冠外延速度，也是幼树秋季修剪的重要内容。

五、不同板栗树的修剪

（一）幼树修剪

板栗幼树结果枝少、产量低，特别新嫁接的幼树容易形成徒长枝，幼树修剪不强调树形，应促进分枝，尽快结果，掌握先果后形的原则，达到幼树早期丰产。

1. 嫁接次年幼树修剪

嫁接次年采用拉枝刻芽修剪新技术，可实现早果丰产的目的。拉枝有利于扩大树冠，加速成形，改善通风透光条件，调节养分和内源激素的运输和分配，调整树势，促使成花，并充分利用空间，实现立体结果。板栗上的拉枝是把所有枝用细铁丝都拉成60°~80°的角度，主枝和侧枝都不短截，全年也不用解拉绳。此举的作用：一是扩大树冠投影面积，占满整个田间，获得理想树形；二是减弱旺盛生长的树势，集中供给养分，给枝条创造结果的条件；三是提高产量，有研究表明，不拉枝株产0.25kg栗果，拉枝后株产可达0.5~1kg栗果。拉枝刻芽技术具体包括以下几个步骤：第一步，嫁接后预拉枝的准备。嫁接成活后，一株接三个接穗的，每个接穗保留2个新梢；一株接2个接穗的，每个接穗保留2~3个新梢，以利集中养分，新梢和其上侧梢都不摘心，让新梢生长到1.5m左右。来年新梢培养成主枝，一株幼树最多选留4~6个主枝，多余枝疏除。一个主枝留2个（拉枝后水平位置）侧枝，多余疏掉。第二步，拉枝处理。时间3月下旬至4月上旬。一是牵枝：树与树间的对角与斜角枝，用铁丝把这些枝牵成60°~80°的角度。二是拉枝：无法牵枝的，地面钉木桩，然后把枝拉成60°~80°的角度。如果选用绳子为拉枝的材料，注意绳子与地面保持10cm以上的距离，避免烂绳。三是坠枝：用细铁丝，坠上石头，把枝拉成70°左右角度。拉枝过程中一定要避免重叠枝、交叉枝出现，多余枝从基部疏除。第三步，刻芽处理。刻芽的最佳时间是枝条发芽前（3月下旬至4月上旬）。把牵拉完的枝条，按照15cm一个结果枝的距离，在枝条的侧背上方选健康芽，用钢锯片在牙前3mm处刻芽，一定要锯到木质部，以此来促生结果枝，这样的处理促生的新梢当年即可结果。第四步，拉枝刻芽后夏剪。6月下旬进行，促生的新梢部位好的选留培养成结果枝组，不结蓬的留20cm短截。徒长枝、竞争枝、交叉枝和没有发育空间的新梢全部疏除。部分背下枝、细弱枝可留作辅养枝。

2. 幼树期树体修剪

（1）冬季修剪

新嫁接一年生幼树枝条生长旺盛，除疏除极弱枝集中营养外，主要是分散营养，多抽生结果枝。其方法是：对一株树只有一个壮旺枝，从1/3～1/4饱满芽处短截，并从剪口第二芽以下连续目伤3～4芽，目伤宽度0.1cm左右，目伤后营养分散，抽生的枝条多数是中庸枝，有50%当年即可形成雌花。

（2）春季修剪

对壮旺枝较多的树，春季进行拉枝处理。2～3年生初结果幼树生长茂盛，三叉枝、四指枝、五掌枝较多，对此类枝条要进行轮替更新修剪，以使树冠内外结果。三叉枝对其中的壮枝从基部2～3cm处短截，保留2个中庸枝结果，四指枝根据枝条的生长方位，短截1～2个顶端壮枝，五掌枝短截2个先端壮枝，利用中庸短枝结果。短截后的壮枝基部瘪芽当年可抽生较壮营养枝，翌年结果。改变去后留前、去弱留强、去中庸留壮枝造成树冠扩展快、内膛光秃、单位面积产量低的传统修剪方法。多年实践证明，利用母枝轮替更新修剪，前后有枝，可随时回缩外围枝组，树冠紧凑，内外结果，树冠扩展缓慢，可大大延长密植园的郁闭时间，保持高产稳产。

发芽前对生长过长过旺的直立枝条进行拉枝，拉枝角度65°～70°，并在枝条两侧每隔25～30cm饱满芽处交替目伤，发芽后抹掉全部弱芽，使养分集中到饱满芽上，形成壮枝结果。试验结果表明，拉枝刻芽后抽生的新枝，有69%可形成雌花，而且雄花量少。对衰弱树，在冬季修剪的基础上，芽膨大期抹掉母枝基部的弱芽，使营养再次集中，产量可提高20%。

（3）夏季修剪

6月份至7月份，清除内膛过多的娃枝和果枝基部的无效枝，同时对砧木年龄较大、生长过旺的新梢进行2次、3次摘心，增加枝条数量，扩大嫁接幼树结果面积。注意，结果枝的尾前梢不要在夏季摘心，否则出现2次结果。

（4）秋季修剪

对新嫁接摘心后和短截后未停长的秋梢，8月上旬进行二次摘心，增加顶芽养分积累。未停长的新梢立秋前后摘心，枝条成熟度高，顶芽饱满，抽生果枝多。另外，对幼旺结果树过长的果前梢，在栗蓬以上5～8片叶处摘心，减缓树冠扩展速度。

（二）盛果期树修剪

板栗树进入盛果期后，要注重强调树形结构，以使树体上下着光、树冠内外结果。因此，在修剪的同时注意调整树形，疏除过密辅养枝，打开光路，使树冠内外枝条旺壮，连年高产稳产。对结果大树的修剪，视树体的具体情况，定量、定性选留母枝，来调解生长与结果的平衡。具体方法可为"集中"和"分散"两种。"集中"剪法就是多疏枝，疏除过密主干枝、细弱枝、病虫枝、无用枝，集中养分，使弱树转壮，营养枝转为结果枝。"分散"就是对壮树适当多留枝，分散养分，缓和树势，使营养生长转为生殖生长。对老树、弱树，以"集中"修剪为主，初结果旺树、旺枝，以"分散"修剪为主，有时在同一株树上，同一个枝组或枝条上"集中"和"分散"方法并用，从微观上调解树体平衡。

1. 盛果期树修剪技术

板栗树进入盛果期后，常因栗园郁闭或管理不到位，会出现结果部位外移、大小年严重和全树衰弱现象，这时期修剪的主要任务是调节树势，保持树体健壮生长，培养强壮的结果母枝，使其高产稳产。

（1）结果母枝的修剪

培养和保持一定数量的结果母枝是丰产稳产的关键措施。结果枝分为强、中、弱、极弱和鸡爪码。强果枝30cm以上，顶端有5～6个混合芽，这种枝条结果能力强，但树冠扩展快，内膛光秃带大，应以极重短截为主，使基部瘪芽抽生中庸枝。中结果枝，顶端有3～4个混合饱满芽，结果后翌年仍能抽生果枝，但留量过多时，枝条转弱，修剪时，短截较壮枝，保留 1~2 个中庸结果枝，集中养分，使翌年仍抽生中果枝。弱果枝 10cm 左右，顶端饱满芽少，当年有果，翌年则抽生细弱枝，修剪时，以疏间为主。极弱枝结果能力差，营养不良，多出现空蓬或单粒果，修剪时应重点疏除。鸡爪码是树势极度衰弱的表现，枝长不足 5cm，拟似鸡爪，枝顶尖细，一般仍抽生极弱枝，此类枝条虽然不能结果，但春季消耗的养分并不少，往往由于此类枝条消耗养分过大而难以形成雌花，应当疏除。

（2）细弱枝的修剪

就板栗而言，弱枝有两种：一种是雄花枝，开大量雄花消耗大量养分；另一种是弱发育枝（纤细枝），萌发后生长一些叶片。以上两类枝条群众称之为"白吃饱"，一般不能转化为结果枝。在修剪时，对于雄花枝和纤细枝，除一小部分留作预备枝增加树冠叶片量外，其他枝条全部疏除。

（3）枝组（大枝）的回缩更新

枝组经过多年结果后，生长逐渐衰弱，结果能力下降，应当回缩使其更新复壮。操作方法为：回缩 1/3 枝组，培养预备枝，利用 2/3 的枝组结果；翌年，利用上年抽生的预备枝结果，再度回缩上年其中的一个枝组，培养预备枝；第三年回缩最后 1/3 枝组，继续培养预备枝。这种修剪方法使树冠高度和扩展速度缓慢进行，板栗结果枝始终在 3~4 年生枝干上，养分就近运输，树势旺，产量高，质量好。更新后每平方米留 6~8 个有效结果枝，旺树壮树一般在 8~10 个最多不能超过 12 个，合理更新长出 40cm 左右的枝条。修剪后的栗树，弱树不弱，旺树不旺，结果枝、预备枝比例适当，连年高产稳产。

（4）内膛娃枝的利用

内膛空间大，光秃带宽的大树，要重疏树冠外围果枝，轻缩前端果组，促使内膛抽生娃枝，轻度短截娃枝，使其分生枝条，第二年疏除中间直立枝，利用两侧平斜中庸枝结果，第三年可培养出一个 4~6 个母枝的小型结果枝组，每株树培养 6~8 个内膛枝组，可增加产量 2.5~3.5kg。

（5）其他枝的修剪

盛果期大树枝量和枝类繁多，大枝常出现密挤、竞争等不利情况，修剪时注意疏剪和回缩这类大枝，使之都有一定的空间。对于树冠上的纤细枝、交叉枝、重叠枝和病虫枝一律疏除。

（三）放任树的修剪技术

对于管理粗放，一直放任生长，树形紊乱，内膛光秃，并且树冠外围枝头出现大量的病弱枝和枯死枝，树势极其衰弱，不能结果的放任衰老栗树，可进行更新复壮处理。第一步：调整树体结构。将过高的中心干落头，凡是在层间距内遮光明显的主枝一律去掉，使树体各部分都能很好地通风透光。在落头整形的当年，由于去枝量较多，修剪量已经很大，所以除病虫枝和鸡爪码外，其他保留下来的骨干枝上 1~2 年生结果母枝可以暂且不动。第二步：调整结果枝组。首先将树体上拥挤、交叉的细弱结果枝组去掉。对前部已无健壮结果母枝的枝组，可回缩至其 2~4 年生枝基部，待回缩部位发出新梢后，视新梢强弱和在树冠内着生空间，培养成结果枝组。

对于管理粗放，骨干枝轮生、重叠、交叉生长，结构不合理，树势中庸偏弱的放任树，可以采取大枝疏除修剪法。第一年疏除轮生、重叠、交叉生长的大枝，修剪量控制在全树 1/3~1/4 左右，打开光照，不要修剪过重，其余小枝不动；第二年再疏除多余大枝，将树形改造成开心形，其余小枝不动，培养内膛结果枝组；第三年继续调整树形，采取更新复壮修剪法稳定树势，保持稳产高产。

（四）衰老树的更新复壮修剪技术

衰老树的特点是结果枝弱，出现大量"鸡爪码"，结果能力弱，这种树基本生长在土壤瘠薄的板栗园，衰老树更新修剪必须在加强树下肥水管理的基础上进行，单靠更新修剪只能起到暂时旺树的效果。

衰老板栗大树有 3 种情况：

一种情况是树龄虽老但还能保持一定的结果量。这类栗树的修剪方法，主要是采取大枝疏除修剪方法，即疏除无用大枝，集中营养，促使萌发旺枝，树上的枝条逐年更新，恢复产量。

第二种情况是结果量已经很小，但树体还不是非常衰弱，有一定的生长势。这类树需进行全树大更新修剪，落头开心，使老枝更新，返老还童。

第三种情况是已经不能结果，同时树体衰弱，这类树一般应该清除。

（五）郁闭园的修剪技术

随着板栗树体的逐年扩大，栗园不可避免地会出现郁闭的现象。栗园开始发生郁闭后，通风透光条件就逐渐变差，造成病虫害增加、枝条枯死、产量下降。如不及时处理，会发生产量锐减甚至绝收的严重后果。

对于出现郁闭的栗园，可以从种植密度、修剪方法和品种改良三方面进行调整。

调整栽植密度：先在株间隔株去除 1 株，2m×3m 调整为 4m×3m，使密度减小一半。几年后再在行间隔行去除 1 行，4m×3m 调整为 4m×6m，使密度再减小一半。株、行间的伐除交替进行。对于移除的板栗大树，如有条件可以移植到别处另行种植。

通过树体修剪调整：春季，间伐后留下的植株通过降冠去大枝处理，打开光路；对较高的植株首先要降低树体高度，将过高的中心干落头，培养主干枝中下部枝组；对内膛生出的娃枝进行培养；当年冬季采用更新复壮及控冠措施控制树冠扩展，防止再度郁闭。

通过优良品种高接换头更新：对于间伐后的衰老植株，锯除过多的辅养枝和无效枝，整理出砧木树形，从主侧枝的前段 3～4 年生处锯断，在余下的枝干每隔 50～80cm 交替嫁接优良品种接穗。

第八章 花果管理

板栗种植过程中，花果期的管理技术很重要。如果管理不好，会导致板栗严重减产。为了实现板栗丰产稳产，获取更大的经济效益，应加强花果技术管理。花果管理的基础是促花，重点是保果，适时合理采收。

一、花期管理

（一）花期管理技术

板栗雌雄同株异花，雄花于上年形成，雌花序是春季萌芽期在原有雄花序的芽体内形成。改善雌花分化和形成条件，增加雌花量，可达到增产的目的。促进雌花分化，促壮花穗，最为关键的是在生产中做好上年的管理，并强化春季管理。

1. 施足基肥

栗果采收后，树体因当年萌芽、开花、长枝、膨果等而养分极度匮乏。此时应该马上施入有机肥（提倡生物有机肥），以利于根系的吸收和有机质的分解，对促进来年春季雌花分化、减少空蓬、增加产量有明显效果。

（1）基肥种类

栗果采收后，树体内养分匮乏，此时施入有机肥，以有机肥或生物有机肥为主加入适量的磷肥、硼肥和适量的板栗专用复合肥。

有机肥可购买腐熟的羊粪、牛粪、猪粪等。等秋季落叶后，还可将板栗叶、栗蓬、短枝集中，每株加撒尿素 0.05kg 于集中的枝叶上进行旋耕，这样即增加土壤有机质，还进行了入冬时清园，一举两得。

（2）基肥量

成龄板栗树可株施有机肥 40kg，加专用复合肥 2kg。幼树株施有机肥 30kg，加专用复合肥 1kg。基肥施肥量一般每生产 1kg 栗果，施用有机肥 10kg 左右，专用复合肥 0.5kg，硼肥 5g 即可。具体施肥量可根据树势适当调节。

（3）基肥施用方法

可采用挖条沟的方法，在树体的 4 个方向沿树滴水线各挖 1 条深 40 ～ 60cm、宽 50cm 左右的条状沟，将肥料混土后施入。

2. **早春施肥**

春季萌芽前后是板栗雌花分化的集中期，此期施足肥水，可促使花芽分化，显著增加当年产量。上一年秋季没有施足基肥的板栗园，要特别重视早春施肥灌水。

（1）追肥种类

追入专用复合肥，加少量中微量元素肥。

（2）追肥时期

第 1 次，春季萌芽前，追肥主要以氮肥为主，氮、磷、钾比例为 2 : 1 : 1。

第 2 次，果实膨大期，追肥氮、磷、钾比例为 1 : 1 : 1。

（3）追肥量

按板栗产量追肥，一般成龄板栗树，按目标产量株产 2kg 栗子追入复合肥 0.2kg，加少量中微量元素肥即可。板栗产量与复合肥追肥量比例为 10:1。

（4）追肥方法

有灌溉条件的栗园可冲施，无灌溉条件的栗园可进行穴施或放射沟、环状沟施等。原则是不伤根或少伤根。

3. **叶面喷肥**

在结果枝叶片刚刚展开、由黄变绿时，进行叶面喷肥，能促进叶片生长，增加雌花数量。浓度不要过高，否则易伤叶片。叶面喷肥不宜使用挥发性强的肥料，以中性小分子肥料为最好，如尿素、过磷酸钙、磷酸二氢钾等。喷施时间应该避开高温的中午及阴雨易冲刷的天气。最好于盛花期将0.3%~0.4%尿素、0.3%~0.5%磷酸二氢钾、0.3%~0.4%硼砂液混合起来，于晴天上午09：00或傍晚喷洒，每隔10d左右喷一次，连喷2次。喷肥后在10h内若遇大雨则须重喷一次。喷肥时，要将所喷肥料按照说明充分溶解再稀释施用。否则，将肥料直接加到喷雾器里易造成溶解不完全，喷出的肥料会前稀后浓，灼伤叶片。叶面喷肥可与某些农药混合施用，但是不要与强碱、强酸性农药混合施用。当农药种类过多时，总浓度勿超过1.5%，否则可能造成药害。

4. 早春灌水

春季板栗新梢生长较快，过度干旱可导致新梢停滞生长，影响当年的雌花分化。由于结果树新梢一年只生长一次，因此，春季干旱新梢生长量小，亦影响翌年的产量。早春浇水有利于新梢生长和雌花分化，不但能提高新梢生长量，还能促进雌花分化数量增加当年产量。

5. 合理修剪

栗树进入结果期以后，修剪的主要任务是培养、处理好各级骨干枝，调整好树势；培养健壮的结果母枝，延长板栗树丰产稳产的经济年限。结果母枝的剪留量，要根据品种树势来确定。按一般的管理水平，每平方米树冠投影面积内，留有7~10个粗壮的结果母枝为宜。对各类母枝和结果枝要运用重截强、轻缓中、疏除密弱枝的方法进行修剪。对内膛生长健壮的枝条，如有空间，可进行短截，培养成结果枝组。对有些结果枝长势较弱，顶芽不充实，不能抽生结果枝的，可从基部留2~3个芽剪截，使其抽生成结果母枝。有的结果母枝顶端的芽，以及中、下部的芽均能抽生结果枝，可在其下部饱满芽处短截，以控制结果部位外移，达到连年丰产。对结果尾枝抽生较长的枝条，如尾枝上、下芽都能抽生成结果枝，可从尾枝下部留2~3个芽短截。对发育枝长达40cm以上的，可在基部留2~3

个芽短截，促使基部芽萌发抽生成新的结果母枝，使结果部位后移。由于雄花枝上着生的雄花序较多，枝条上"光秃带"较宽，对于这样的枝条，可留基部 2～3 个芽剪去上部。但如有一些雄花枝长度不超过 15cm，顶芽较饱满，来年可抽生结果枝的，可以不短截。对已衰弱的多年生枝，包括病虫为害严重的枝条，要依据枝条衰弱程度，适度回缩，以恢复树势。对嫁接后的幼旺栗树，在安排好骨架枝的前提下，为了增加分枝量，在生长期要进行夏季修剪。当新梢长度达 20～30cm 时，进行摘心。

二、花期除雄

板栗雄花量远远大于雌花量，雌雄花序比约为 1∶12，雌雄花朵比例为 1∶2000～1∶4000。雄花生长发育要消耗大量的养分和水分，疏除雄花 90%～95%，增产幅度可达 40% 以上。

（一）人工疏雄

冬季修剪时疏除细弱枝或重短截雄花枝。在萌芽时抹去结果枝下部的芽，除去刚长出的雄花，并摘除果前梢。在花序形成初期，雄花序长至 1～3cm 时进行，每个结果枝组在果枝下方留 2～3 条雄花序为宜，其余可全部去除，疏除量为总量的 90%～95%。另外，疏花时还要掌握幼旺树轻疏、成龄弱树多疏、树冠外围及上部少疏、内膛及下部多疏的原则。

（二）化学疏雄

用板栗疏雄专用药剂"疏雄醇"1000～1500 倍液。一般 5 月中下旬树冠喷洒，喷后 5d 开始落雄，7～8d 为落雄高峰，可提早落雄 30～40d，疏雄率可达 80%～85%。在使用板栗疏雄醇时应注意以下几个问题：

①注意品种间差异。有研究表明，燕山早丰、燕山短枝、大板红等品种疏雄效果较好。

②掌握喷施的最佳时期。以雄花长出大约10cm，混合花序1～3cm效果最好，此时喷施叶片反卷很轻、雄花序脱落也早。

③喷药浓度要准确，喷药要均匀周到。

④化学疏雄要谨慎。大面积疏雄前一定要先试验再推广，防止不必要的损失。

⑤可以与叶面肥混喷。可加0.5%的尿素或0.1%硼砂，也可以加0.1%的磷酸二氢钾混喷，效果良好，能显著增加产量。

三、果实管理

在板栗生产中，空蓬率高、成实率低是制约板栗丰产稳产的因素之一。因此，通过技术措施提高板栗成实率，是实现板栗丰产稳产的主要手段。空蓬产生的主要原因有三个方面。一是缺乏营养。板栗从受精到果实成熟，所经时间比其他木本果树短，所以对养分要求强度大。试验证明，正常栗总苞和子房内氨基酸、还原酶、淀粉、矿质元素含量和呼吸活性均明显高于空蓬总苞内含量。栗树上着生过多的雄性花序、果前梢不摘心等都会与雌花、幼果争夺养分，幼果期间的营养竞争等也会导致营养不良造成空蓬。二是授粉受精不良。即总苞中子房内胚珠开始膨大后10多天又萎缩，坚果不再继续发育，形成空蓬。板栗建园时，品种单一，或配置了不同品种的板栗，但因不同品种花期不遇，授粉不亲合，栗园小气候条件不良，花期阴雨连绵、大风等导致授粉受精不良，胚株变成褐色，刺苞很快停止发育。三是缺硼。缺硼是引起板栗空蓬的主要原因，硼是板栗受精过程中的必要元素。缺硼就不能正常受精，导致胚胎期败育。有研究表明，土壤中有效硼含量较低时，硼素供应不足，是导致栗苞子房后期萎缩的主要原因。土壤中速效硼含量0.5mg/kg是临界指标，即当土壤中速效硼含量在0.5mg/kg以上时，基本上不空蓬；当低于0.5mg/kg时随含量下降，空蓬率提高；当土壤中速效硼含量低于0.094mg/kg时，空蓬率可达到80%以上。

针对板栗产生空蓬的主要原因，从以下几个方面加强提高坐果率的管理技术。

（一）追施膨果肥

7月份至8月份（板栗成熟前1个月），板栗栗籽生长迅速，此期需肥量较大。此期追施板栗专用复合肥，可有利于栗蓬膨大，增加栗籽单重。

1. 追肥种类

主要追入板栗专用复合肥和硼肥。

2. 追肥量

成龄板栗树按板栗产量与复合肥10∶1追入复合肥。复合肥氮、磷、钾比例为1∶1∶1。

3. 追肥方法

可冲施，也可穴施。原则是不伤根。

4. 喷肥

可于板栗盛花期喷施硼肥和磷酸二氢钾各300倍液，促进授粉。5月下旬雌花开放时，向树冠喷0.3%硼砂，每隔7d喷一次，共喷3次，遇雨补喷，喷施程度以叶面和花瓣湿润为度。但需连年喷施。硼砂必须充分溶解，硼、水调配比例要准确，硼砂水溶液应随用随配，务必按照当地板栗的花期，掌握适宜时间，才能获得最佳效果。硼砂的喷施时间要求配备溶液后于上午9∶00以前、晴天无风时喷施，此时喷施可延长叶片及花瓣喷硼后保持湿润状态的时间，利于叶片吸收。

（二）果前梢摘心

果前梢留3~5片叶摘心后，可使留下的3~5个嫩叶提早7d左右成为能积累营养物质的功能叶，从而促进幼蓬的生长发育。

刘国安研究发现，经连续4年的果前梢摘心试验，留3~5叶摘心栗树，空蓬率明显低于对照（不摘心）。2004—2007 年处理树比对照树空蓬率分别降低 10.8%、12.5%、14.1% 和 15.9%。通过果前梢摘心的栗树，空蓬率逐年递减，而对照区的空蓬率逐年递增。这是因为通过果前梢摘心，可缓和果前梢的过量生长，使养分集中，促进幼蓬生长发育，从而降低空蓬率，提高板栗产量。而对照区空蓬率逐年递增的原因是，果前梢的过量生长，势必与幼蓬生长发生营养争夺，造成有限的营养不能集中供应幼蓬生长发育，出现了空蓬率逐年递增的趋势。板栗产量的高低与栗苞成实率密切相关，有研究表明，果前梢摘心后，养分可集中供应幼蓬的生长发育，相应减少空蓬率提高结实率和坚果单粒重，摘心与对照（不摘心）产量变化差异明显，摘心的栗树成实率逐年上升，而对照（不摘心）栗树成实率逐渐下降。667m^2 果前梢摘心栗树 4 年平均总产量为 70.8kg，而对照区只有 31.7kg，果前梢摘心栗树比对照平均增产 122.5%。处理区板栗平均株产和单粒重也均显著高于对照区，看来果前梢摘心确能降低板栗空蓬率，提高栗树单株产量。

（三）环剥倒贴皮

在幼果膨大期，对计划回缩的骨干枝或辅养枝，在未回缩的前 2 年，即在预定回缩部位进行环剥倒贴皮。环剥枝干的粗度，一般不应少于7cm，环剥的宽度为枝干粗度的 1/10 左右，环剥倒贴皮后用塑料薄膜将伤口包扎好，以防雨水侵入和病虫危害。经 40d 左右愈合后，解除绑扎物。试验证明，通过环剥倒贴皮，暂时切断了树体中营养物质向下输送的通道，由叶片经光合作用制造的有机营养被大量截留在环剥口上方，可充分供应幼蓬生长发育，降低空蓬率，提高成实率。

（四）人工辅助授粉

选择最佳授粉品种，进行人工授粉。板栗为典型的异花授粉结实，人工授粉要合理选择授粉品种，既能提高坐果率，降低空蓬率，又能改善品质，增加产量，调节成熟期。采粉时间是在花期的每天上午 8：00 以前，将花序采下后晾干，收取花粉备用。授粉时间为雌蕊柱头分叉到变黄以前。由于雌花的发育进程不一致，同一栗园可连续授粉 2~3 次。

雄花序上有 70% 花朵开放时，是采花的适宜时期。由于散粉高峰期在 9：00 以后，所以采花在早晨 8：00 前进行为好。将采下的雄花序摊在玻璃或干净的白纸上，放于干燥无风、受光良好处，摊晒厚度 3~5cm。每天翻动 2 次，将落下的花粉和花药装进干净的棕色瓶中备用。雌花的开花授粉时期为 10~15d，当一个总苞中的 3 个雌花柱头完全伸出到反卷 30°~45°并变黄时，为最佳授粉时机，用毛笔或带橡皮头的铅笔，蘸花粉点在反卷的柱头上。如树体高大蘸点不便时，可采用纱布袋抖撒法。即按 1 份花粉加 5~10 倍淀粉或滑石粉填充物配比而成，隔 3~4d 授粉 1 次，连续 2 次即可。也可用喷粉法。即将花粉放入 10% 的蔗糖液，再加 0.15% 的硼砂后，进行喷雾授粉。

（五）花后疏蓬

板栗坐果较多时要及时疏果，叶果比控制在 20：1~25：1 较为合适。在 7 月中下旬栗蓬进入迅速膨大期，当栗蓬直径达 0.5cm，疏除过多的栗蓬，有利于减少空蓬。留蓬标准是：强果枝留 3 个蓬、中果枝留 2 个、弱果枝留 1 个。无论强弱，同一节位上只留 1 个栗蓬。生长强的留中部果，短果枝留先端果，疏去小型、畸形、过密、病虫蓬和空苞果。把握树冠外围多留、内膛少留的原则。

（六）追施硼肥

板栗产量的高低与栗苞成实率密切相关。通过花期喷硼，弥补了树体的营养不足，满足了栗苞生长发育对硼素的要求，提高了坚果的单粒重。刘国安试验表明，花期喷 0.2% 硼砂的栗树与不喷硼砂（对照），产量变化差异明显，喷硼栗树成实率逐年提高，而对照区栗树成实率逐年减少，每亩花期喷 0.2% 硼砂栗树 4 年平均总产量 73.1kg，而对照区只有 32.3kg，花期喷硼砂液栗树比对照平均增产 125.2%，处理区板栗平均株产和单粒重也均显著高于对照区。板栗果园多建在山坡沙地，容易缺硼，合理施用硼肥，对防止落蓬和空蓬有良好的效果。

（七）秋灌增重水

秋季干旱时，及时补充土壤水分，有利于增加栗果重量，提高当年产量和板栗质量。板栗从开花（6 月中旬）授粉受精到胚胎形成需要一个很长的时间，8 月上旬胚乳完全被吸收，胚胎仅 0.1g 重。早熟品种 8 月 30 日已经成熟，坚果从胚胎形成到果实成熟仅仅 30d。在此期间，前期生长发育很慢。后期尤其是采前的 1~2 周是栗果的生长高峰期。因此，秋季（板栗成熟前 1 个月）干旱时，要及时补充土壤水分，有利于增加栗籽单重，对提高产量意义重大。

（八）适时采收，提高栗果品质

板栗成熟的标志是栗蓬由绿变黄，再由黄变为黄褐色，自然开裂，蓬内坚果变为赤褐色并有光泽，果座与栗苞分离，一触即落，此时为采收适期。采收过早，影响单粒重和色泽，也不耐贮藏。试验表明：采收前 1 个月，栗实增重占总重量的 74.7%，采前 10d 占总重量的 50.7%，提前 5d 采收，减重 23%；提前 13d 采收，减重 56%。因此，板栗不能采收过早，成熟后，栗果饱满充实、质量好、产量高、耐贮藏。采收时间宜在天气晴朗、空气干燥时进行，避开阴雨天气及雨后初晴或露水未干之时。

第九章 品种换优

板栗不提倡使用嫁接苗建园，因为板栗嫁接苗建园后，缓苗期较长，最长需要 4~5 年才能恢复正常长势，易形成小老树。板栗一般都采用实生苗建园，成园后由于童龄期较长，结果晚，果实品质各异，商品价值低。为了解决这一矛盾，目前生产上多采用实生苗建园，达到嫁接粗度后进行改接，以实现板栗早果丰产的目的。一些低产劣质果园也需要改接换优，因此，板栗改接在生产中占有非常重要的地位。

一、嫁接特点与要求

（一）板栗茎的结构特点

板栗茎的结构从内到外，由髓部、木质部、形成层、韧皮部、皮层和表皮组成。

①髓部。是茎的中心部分，由薄壁细胞构成。

②木质部。是茎最坚硬的部分，由导管和木质纤维组成，是水分和无机养分向上运输的通道，也是对树体起到支撑作用的重要部分。板栗的木质部横断面呈四棱状或五棱状，随着枝条粗度的增加棱状结构逐渐消失，一般粗度达到 3cm 以上，横断面呈圆形。

③形成层。是板栗茎结构中最为活跃的部分，分裂产生新细胞，向内形成木质部，向外形成韧皮部。当形成层受到伤口刺激时，能够形成愈伤组织。

嫁接时砧木和接穗产生的愈伤组织相互联结的好坏成为嫁接成活的关键。

④韧皮部。包括筛管、韧皮纤维和薄壁细胞。筛管是叶片制造有机养分的回流运输通道。

⑤皮层。由数层薄壁细胞组成，含有大量的叶绿素。

⑥表皮。在茎的最外层，表皮衰老后形成木栓层，对树体起到保护作用。

（二）嫁接的愈合过程

嫁接愈合的过程就是砧木与接穗双方产生的愈伤组织相互融合、互为一体的过程。愈伤组织由砧木和接穗的形成层产生，因此，嫁接时要求砧木与接穗的形成层对齐并紧密接合。接口处 1 周左右生出白色疏松的愈伤组织，15d 左右砧穗双方产生的愈伤组织能够把接合处的空隙填满，相互融合形成联合形成层，分裂产生新的木质部和韧皮部，从而嫁接成活。因此，嫁接后接穗萌芽并不代表成活，只有砧穗双方完全愈合才是嫁接成活的标志。

（三）嫁接成活的关键

影响嫁接成活的因素很多，如嫁接时间、接穗的切削面、绑覆的严密程度等等。而通过实践，接穗的生活力是嫁接成活的最关键因素。砧木有很强大的根系作养分供应，生活力很强。接穗本身非常细小，又脱离了母体，要得到砧木的养分供应需要半个月的时间，这段时间还必须长出愈伤组织，才能与砧木产生的愈伤组织融合，因此接穗的生活力强才是嫁接成活的关键。

二、接穗的采集和贮藏

（一）接穗的选择

板栗接穗必须从生长结果正常的优良品种板栗树上采集。所采集的板栗接穗要求芽体饱满、无病虫害的 1 年生结果母枝或健壮的发育枝。不建议采集徒长枝，因为徒长枝发生芽变的概率较大，嫁接后品种纯度不能保证。

（二）接穗的采集

接穗采集应在板栗萌芽前 20d 以前结合冬剪进行。将接穗从着生基部剪下，剪口要齐，每 100 根打成一捆，不同品种的接穗分开采集并做好标签，以防品种混淆。

（三）接穗的贮藏

接穗的储存方法很多，无论采取哪种储存方法都要满足接穗储存环境的温度和湿度要求。板栗接穗储存温度为 0 ~ 5℃，湿度基本饱和。

1. 冷库储存

有条件的可以采用冷库储存，冷库储存能够准确控制温度，但由于冷库送风使库内空气流速加快，湿度很难掌握，接穗容易失水。因此，在冷库存接穗时，最好选用小塑料袋进行包裹，每 200 根打成一个包裹，并且内放半张湿报纸以保证接穗储存环境湿度。

2. 土窖储存

土窖储存是目前生产上应用最为广泛的接穗储存方法。可以在土窖内平铺 15 ~ 20cm 湿沙，再将打好捆的接穗立在湿沙上，让所有接穗的基部都与湿沙接触。也可以将接穗打成小包裹（方法与冷库储存相同），直接存放于土窖内。随着气温升高，土窖的通风口要加强管理。白天用棉被盖严，防止热的空气进入窖内，引起温度上升；夜间将通风口敞开，让冷的空气进入窖内，降低温度。大风天气土窖的通风口不能打开，以免窖内湿度降低，影响接穗储存效果。

三、嫁接时期

板栗嫁接在砧木开始萌芽至新梢长至 10cm 长进行,最佳时间为砧木萌芽后到展叶前,燕山产区一般在 4 月中、下旬。此时日平均温度已达 15℃以上,形成层进入活跃期,有利于砧穗愈合。嫁接过早,接穗暴露时间长,容易失水干枯;嫁接过晚,新梢生长量小,当年愈合差,越冬困难。

四、嫁接方法和接后管理

不同的嫁接方法,要采取相应的接后管理措施,才能达到理想的嫁接效果。

(一)劈接

1. 嫁接步骤

(1)剪砧

劈接适合粗度小于 3cm 的砧木嫁接或砧木萌芽前嫁接。在砧木上选择光滑部位剪断,用刀将断面边缘削光滑,再从中间劈开,劈口长 2～5cm。

(2)削接穗

将接穗削成楔形,一边薄,一边厚,削面长 2～5cm,两个削面长度保持一致。

(3)接入和包扎

将接穗插入砧木的劈口内,砧木与接穗的形成层对准,接穗两侧削面露白 2～3mm,再用塑料条将接口包扎严紧。砧木的嫁接部位粗度达到 5cm 的,在劈口的另一侧再插一个接穗;粗度达到 7cm 的,在砧木横断面上平行劈开两个劈口,分别在每个劈口的两端各插一个接穗,以利接口愈合。砧木嫁接部位的粗度超过 8cm 的,不宜进行劈接。

2. 接后管理

板栗改接成活后需加强管理，才能达到理想的嫁接效果。劈接后的接后管理需重点做好以下几方面工作：

（1）除萌

嫁接成活后，砧木上会生出大量的萌蘖，与成活的嫁接新梢争夺养分，需及时抹除。但大树高接时，骨干枝上的萌蘖要保留一部分，尤其是树体北侧的骨干枝上要多留些萌蘖，进行重摘心处理，留下 3～5 片叶，防止树干被强烈的阳光灼伤。

（2）解绑

当嫁接新稍长至 15～25cm 时，将包扎接口的塑料条解开，接口以上的塑料条去掉，接口以下的继续绑好。当二次新梢长至 15～25cm 时，再把接口以下的塑料条去掉，严禁一次性解绑，以防嫁接口裂开。

（3）补接

解绑的同时，检查成活率，必要时及时进行补接，补接时不用原来的接位。

（4）摘心、去叶

第一次解绑后，对新梢要进行摘心处理。摘心时要在雄花带或雌花上部保留 4～6 片叶进行，摘心后再将上端的 2～4 片叶片摘掉，留下叶柄，以促发分枝。立秋前后，在饱满芽处进行再次摘心，以促使顶端芽体饱满，形成混合花芽，为下年更好的抽生结果枝作准备，需要注意的是，此时摘心不再摘掉叶片。

（5）防风

嫁接新梢长至 15～25cm 时，结合解绑、摘心、去叶，需进行防风，以免风折。首先，将准备好的防风支杆插入土中，再与砧木用细绳绑紧，大树高接的需将防风支杆分两道绑缚固定在砧木上，再将嫁接新梢用解绑时解下的塑料条或细绳绕成"8"字形绑缚在防风支杆上。当二次新梢长至 15～25cm 时再进行一次防风处理。

（6）病虫害防治

接穗萌芽时喷施高效氯氰菊酯防止金龟子危害幼芽。另外，嫁接口部位产生的愈伤组织幼嫩，非常容易受板栗透翅蛾的危害。每次解绑时，要对接口喷施吡虫啉或高效氯氰菊酯等杀虫剂进行防治。

（二）拦头插皮接

1. 嫁接步骤

（1）剪砧

拦头插皮接适用于直径大于 3cm 的砧木并在砧木萌芽后进行。在砧木上选择光滑部位剪断，用刀把断面边缘削平滑。

（2）削接穗

将接穗下端削成长度大于 7cm 的削面，削面要平，在削面背侧再轻削两刀，削成一个三角形的尖。

（3）接入和包扎

在砧木上端，把皮层拨开个小口，将削好的接穗插入，让削面紧贴砧木的木质部，接穗上端露白 3~5mm，用塑料条包严、扎紧。

2. 接后管理

拦头插皮接与劈接的接后管理相同。

（三）带木质芽接

1. 嫁接步骤

（1）剪砧

带木质嫁接适用于直径大于 3cm 的砧木萌芽后嫁接。大树可结合整形进行剪砧，在砧木的光滑部位选留接位，在接位上方留出 40~50cm 的防风活支柱。主枝粗度 3cm 以下留 1 个接位；3~5cm 粗留 2 个接位；5cm 以上的可留 3 个接位。

（2）削接穗

为了节约接穗，最好选用健壮的发育枝，一条接穗可以削出几个或者十几个接芽。将接穗倒握在手中，在选好的接芽背面削出光滑的削面，长度5~7cm，使接芽处于削面的背面正中央；接穗髓心处于削面的1/2处为宜。再于削面背侧末端削出个三角形的尖，在接芽前端距接芽3~5mm处剪下，剪时需剪刀大刃朝向接芽，以免剪刀小刃压伤接芽的皮层。削面两端翘中间凹呈船形，成活困难或愈合不良。

（3）接入和包扎

在选留的接位上横切一刀，长度3~5cm，再纵切一刀，在纵切口上端向左右将砧木的皮层拨起，再把接芽尖端朝下完全插入皮层，使接芽削面与砧木的木质部贴紧，用塑料条自下而上包严、扎紧，但要露出芽体。

2. 接后管理

（1）除萌

嫁接成活后，需及时除萌。除萌方法与劈接的大致相同，主要区别在于每个防风活支柱上的萌蘖，不可抹除干净，至少要保留1个萌蘖，进行多次重摘心处理，做到"控而不死，活而不旺"。既不能因留下的萌蘖旺长而影响接芽正常生长，又不能因防风活支柱上没有萌蘖而干枯死亡。

（2）解绑

当嫁接新梢长至15~25cm时，将嫁接时包扎接口的塑料条解开，接口以上的塑料条去掉，接口以下的继续绑好。当二次新梢长至15~25cm时再把接口以下的塑料条去掉。严禁解绑过早、过晚和一次性解绑，以防嫁接口裂开或将嫁接新梢勒出缢痕引起风折。

（3）补接

解绑的同时，检查成活率，必要时及时进行补接，补接时不用原来的接位。

（4）摘心、去叶

由于带木质芽接全树生长点少，嫁接成活后长势较旺，需要进行及时摘心、去叶促发分枝来增大叶面积，进而促进接口愈合。第一次解绑后，对新梢进行摘心处理。摘心时要在雄花带或雌花上部保留 4~6 个芽进行，摘心后再将上端的 2~4 片叶片摘掉，留下叶柄，以促发分枝。立秋前后，在饱满芽处进行再次摘心，促使顶端芽体饱满，形成混合花芽，为下年更好地抽生结果枝作准备，需要注意的是，此时摘心不再摘掉叶片。

（5）防风

嫁接新梢长至 15~25cm 时，结合解绑、摘心、去叶，需进行防风，以免风折。将嫁接新梢用解绑时解下的塑料条或细绳绕成"8"字形绑缚在砧木或活支柱上。当二次新梢长至 15~25cm 时再进行一次防风。

（6）病虫害防治

接穗萌芽时，喷施高效氯氰菊酯防止金龟子危害幼芽。解绑时，要对接口处喷施吡虫啉和高效氯氰菊酯等杀虫剂，防止板栗透翅蛾危害。

（四）"丁"字口插皮腹接

1. 嫁接步骤

（1）剪砧

"丁"字口插皮腹接适用于直径大于 10cm 以上的中大树改接。结合整形选留好骨干枝，在骨干枝上选择光滑部位作为接位，在接位以上再留出 40cm 左右的防风柱剪断。

（2）削接穗

将接穗留下 4~6 个饱满芽向下端削成长度大于 7cm 的削面，削面要平，在削面背侧再轻削两刀，削成一个三角形的尖备用。

（3）接入和包扎

在砧木的光滑部位，于背侧偏上的位置割成一个"丁"字形口，在横刀上去掉一个月牙形的皮层，在竖刀的上面向左右把皮层拨开，将削好的接穗插入，让削面紧贴砧木的木质部，用塑料条包严、扎紧。

2. 接后管理

"丁"字口插皮腹接与带木质芽接的接后管理相同。

（五）带帽嫁接

带帽嫁接是目前板栗大树改接树体恢复最快、嫁接造成的产量损失最小的一种嫁接方法。

1. 嫁接步骤

（1）剪砧

结合整形选留好骨干枝，将骨干枝上着生的所有侧枝从基部疏除，前端根据骨干枝长度选留好主枝头进行缩剪，主枝头上留下一定数量健壮的结果母枝，当作"帽"。

（2）削接穗

选择健壮的结果母枝作为接穗。按照"丁"字口插皮腹接的方法削接穗，但接穗削面要长，最好大于10cm。

（3）接入和包扎

在砧木的光滑部位，于背侧偏上的位置左右各割成一个三角形口，将皮层取下，再垂直向下竖割一刀，在竖刀的上面向左右把皮层拨开，用塑料薄膜包裹5~8层，再将削好的接穗在开好的三角形口处插入，让削面完全进入并紧贴砧木的木质部。从距骨干枝分枝点40cm处开始，每隔40cm在背侧偏上位置左右各嫁接一个接穗，一直到最前端的直径3cm左右粗的砧木的背上再嫁接一个接穗。

2. 接后管理

（1）除萌蘖

嫁接成活后，为了避免砧木上萌生的大量萌蘖与成活的嫁接新梢争夺养分，需及时除萌。主枝背上的萌蘖要保留3~5片叶进行重摘心处理，以免强光灼伤树干。

（2）防风

带帽嫁接留有前端的"帽"，加上嫁接的接穗比较多，分散了砧木养分，嫁接新梢的长势相对缓和。如果在砧木刚刚离皮就开始嫁接，嫁接新梢当年就可以结果。嫁接新梢长度在50cm左右，较为强壮，并且同一部位新梢较多，抗风能力增强，一般不用防风和摘心，节省了大量的管理用工。

（3）解绑

解绑要分两次进行，当嫁接新梢长至25cm时，将砧木与接穗之间的薄膜用刀拨开，以免接穗增粗后夹在其中形成隔离层。当新梢长至35cm时，将包裹的薄膜全部去除。

（4）病虫害防治

每次解绑时在接口处喷施吡虫啉和高效氯氰菊酯，以防金龟子和板栗透翅蛾危害。

第十章 病虫害防控

板栗相对其他北方落叶果树属于抗病虫害较强的树种，大范围的病虫害发生较少。常见的病害主要有栗疫病、白粉病、栗仁斑点病等；虫害主要有板栗栗瘿蜂、红蜘蛛、栗大蚜等。

一、病虫害防控总体要求

（一）病虫害防控基本原则

从生物与环境的整体出发，本着预防为主和经济、安全、有效、简易的指导思想，板栗病虫害防控的基本原则是预防为主、综合防治，因时因地制宜，合理地运用农业、物理、生物、化学等方法，从近期和长远的经济效益考虑，把病虫害控制在为害程度较轻、造成经济损失较小的水平，以达到增产增收的目的。

相对而言，作为经济林树种，板栗病虫害较少，只要预防措施得当，就可避免或控制病虫害发生。在综合防治中要考虑生态系统的稳定性、食物链等。板栗作为多年生植物，在较稳定的生态系统中，能够利用天敌效果最好，过多地使用化学农药，将会杀伤天敌，破坏生态系统的平衡。故在板栗病虫害综合防控中，能利用生物群落内种群间相互依存、相互制约的客观规律来自然调节病虫害种群数量，就不用其他人工防治措施。因此，合理协调运用各种因素和各种防治措施，确定适宜的防治方法，各种防治方法取长补短，尽量采用非化学防治措施，达到板栗生产经济、安全、高效之目的。

（二）病虫害防治技术措施

1. 栽培防治

（1）选育抗病虫害品种

病虫害对寄主植物有一定要求和适应性，因此，选育抗病虫能力较强的品种，能有效提高板栗抗病虫害能力，降低病虫为害程度，减少损失。

（2）选用无病虫害苗木

病虫害常随板栗苗木、接穗、插条、根蘖、种子等材料传播。如建立新园，必须选用无病虫害的苗木和实施苗木消毒。

（3）树种的合理搭配

尽量避免害虫食料相同的树种混栽。因为不同食料混栽所形成的食物链复杂，生物群落丰富，有利于自然控制种群数量。因此，在栽培种植时，应注意树种的合理搭配。

（4）有效的日常管理措施

采取有效的日常管理措施。例如，结合修剪剪除病虫枝，减少病虫来源，改善树体的通风透光条件；及时清理枯枝落叶、落果、虫果及杂草等，减少虫源及病原的滋生；施用经过充分腐熟的有机肥料，增强树势，提高抗病虫能力。

（5）适期采收及合理贮藏

果品的采收期不仅影响果品的产量和质量，而且直接影响贮藏期病虫害的发生，故提倡果品适时采收。同时，尽量避免采果过程中人为造成的伤口，贮藏前应剔除病虫果及损伤果。因为许多贮藏期的病害，其病原来源于田间侵染。另外对堆果场、运果工具等，及时做好灭虫处理。

2. 生物防治

（1）以虫治虫

利用天敌防治害虫，包括蜘蛛和益螨的利用。天敌的种类很多，捕食性天敌有瓢虫、草蛉、食蚜蝇等，这些天敌食量很大，控制虫害十分有效。寄生性天敌有寄生蜂和寄生蝇，它们专门以害虫的体液和组织为食物，导致害虫的卵不能成活。有的天敌还把卵产在鳞翅目、鞘翅目的幼虫和蛹体内，从而达到防治的目的。

（2）以菌治虫

利用真菌、细菌、病毒等病原微生物防治病虫害，具有繁殖快、用量少、不受作物生长期的限制，并可与少量化学农药混合使用，还有增效、药效期较长等优点。不过，因为有些病原物对温湿度条件要求较高，因而在应用上会受到一定的限制。

（3）以激素治虫

昆虫的内外激素都能治虫，所谓第三代杀虫剂是指用昆虫的生理活性物质来杀虫。目前应用比较多的是性信息素（外源激素）和保幼激素（内源激素）等。

（4）有益动物的利用

如啄木鸟、杜鹃、青蛙、壁虎等动物，要利用和注意保护这些有益动物。

（5）交叉保护防治病害

利用低致病力或无致病力的病原菌相近种，或无致病力的其他腐生菌，预先接种或混合接种于寄主植物上，可以诱发寄主对病原菌的抗病性。用病毒的弱毒株系接种于寄主植物，可诱发寄主对强毒株的抗病性。这种现象称为交叉保护，类似人体的接种疫苗。有研究表明，利用低致病力栗干枯病株防治栗干枯病效果显著，在美国、法国的栗园中施用低致病力的菌株以后，降低了栗干枯病的致病力，有效减轻栗干枯病的危害。

3. 物理防治

（1）捕杀

利用害虫的某些习性进行除治。

（2）诱杀

设置杀虫灯诱杀有趋光性的害虫，或用毒饵、性信息素等诱杀害虫。

（3）阻隔

根据害虫的某些习性设置障碍，防止害虫扩散，例如在树干上涂粘虫胶等。

（4）外部处理

如刮除病斑、剪掉病根、病枝干等。刮树皮可消灭许多越冬和越夏的病菌和害虫，是防治干部病虫害的必要手段。

4. 化学防治

（1）适当适时选择化学农药

农药不仅作用于害虫，同时也作用于被保护的植物。因此在适当的时候选择适当的化学农药能达到事半功倍的效果。

（2）交替使用农药

这是防止病虫产生抗性的重要手段。长期使用一种化学农药容易使病虫产生抗药性，在病虫害防治中，应考虑交替使用不同制剂类型的农药，以提高防治效果。

（3）合理使用混用农药

为同时防治多种病虫害，常把两种以上不同性质农药混合使用，以节省人力、物力，有时还能起到增效作用。

二、常见病害及其防控措施

（一）栗疫病

栗疫病又叫栗树腐烂病、板栗胴枯病、栗干枯病。是一种弱寄生菌引起的板栗枝干病害，通常树势衰弱后从各种伤口侵入，如害虫造成的伤口、剪锯口或其他机械伤。

1. 病害症状

①栗疫病侵染树干。初期，表面呈红褐色，稍隆起，呈水浸状，拨开病皮，呈红褐色、松软，能一条一条地撕下，并有酒糟气味。中期，严重时侵染树干一周，深达木质部，树上叶子呈烧焦状，不易脱落。逐渐整株树干枯死亡，所以又叫干枯病。如果树势壮，腐烂处能自行愈合，叶子不会有明显变化。后期，被侵染部位失水开裂，露出木质部。如果树势壮，开裂处能看到自行愈合的愈伤组织。

②栗疫病侵染树枝。初期，和树干上表现一样。中后期树皮与木质部剥离，如果树势壮，树皮开裂处形成愈伤组织。树势弱，发生严重时，能侵染树枝一圈，并且深达木质部，会使整枝干枯死亡。

③栗疫病侵染幼树根颈部。早春侵染严重时，使整株树干枯死亡。夏季条件适宜时，根部又萌蘖，第二年早春侵染严重，夏季根部又生出萌蘖，周而复始，根部呈现大疙瘩状的愈伤组织。

2. 发生规律

病原菌靠风雨传播，可传播 90~120m 以上，当早春三四月份平均温度达 7℃ 以上时，就可从病部扩展，20~30℃ 最适宜病菌生长，扩展迅速，30℃ 以上发展速度减弱。

3. 防治方法

①减少伤口。加强板栗透翅蛾等枝干害虫的防治，减轻危害；做好修剪、嫁接造成伤口的保护并减少伤口。

②增强树势。萌芽前和果实膨大期追肥，采收后施足底肥，提高树体营养储备，增强树势，提高抗病能力。有灌溉条件的适时浇水，没灌溉条件的做好水土保持工程，以充分利用自然降水，提高树势。

③刮治涂药。刮除病疤，并且将健康部位刮除 1cm 左右。然后涂抹甲硫萘乙酸或 1.6% 噻酶酮 30~50 倍液或果富康 3~5 倍液。

（二）栗白粉病

板栗白粉病是栗树叶片、嫩芽、新梢的主要病害。危害严重时，可削弱树势，降低栗实的产量品质。

1. 病害症状

感病初期，叶片病部褪绿，出现不规则褪绿斑块，继而扩大连片，叶片出现白色粉霉状物。病害后期，在白色粉霉状物间产生黑色小点粒（病菌闭囊壳）。危害板栗的主要是白粉菌科中的球针壳属的真菌。

2. 发生规律

白粉菌都以闭囊壳在病叶上越冬，第二年春季飞散出子囊孢子，进行初次侵染。栗树发病后产生白粉，是病菌的菌丝、分生孢子梗和分生孢子。分生孢子借风传播，可引起多次再侵染，传播蔓延。该菌分生孢子在35℃以上和1℃以下都会失去活力，萌发侵入最适温度为19~22℃，最适湿度接近100%相对湿度，即春季温暖干旱、夏季多雨凉爽的年份容易流行。

3. 防治方法

①结合冬剪剪除病梢、病芽，注意病芽以下的三四个芽一起剪掉，与清理的落叶一起深埋。

②夏剪时，发现有病叶、病梢和病栗蓬的一并剪掉处理。

③合理修剪（剪除过密枝，稠密树一定要间伐）；合理灌溉（春季干旱应灌水，夏季连阴雨要排水）；合理施肥（少施氮肥控新梢生长，多施磷钾肥或生物有机肥）。

④注意观察，选择抗病品种，压缩感病品种的种植量。

⑤喷药保护。板栗萌芽前喷3~5波美度的石硫合剂既治白粉病又兼治红蜘蛛；花前喷0.3~0.5波美度石硫合剂或1500~2000倍的50%的甲基托布津；花期或花后对于感病的品种或发生严重的栗园再选择喷施25%的粉锈宁或40%的氟硅唑6000~8000倍液，严重的需要连喷2次药，

间隔半月。

（三）栗仁斑点病

又叫内腐病、栗仁干腐病、栗黑斑病，病栗果在收获期与好果没有明显异常，贮运期在栗种仁上形成小斑点，引起变质、腐烂，是板栗贮运和销售期间的重要病害。

1. 病害症状

栗仁上产生黑灰色、黑色或墨绿色腐烂病斑，并逐渐形成干腐，出现空洞，空洞内有灰黑色菌丝体，种仁易粉碎。被病菌感染的病部，变成软腐，产生异臭味。发病初期，褐斑型较多，以后黑斑型逐渐增多。除炭疽菌可引起极少数栗果出现果皮变黑外，绝大部分栗果外观上看不出异常现象，但里面种仁已变黑、腐烂。该病开始出现于近成熟期，采收期病粒稍多，采后沙藏和收购期病粒大大增加，加工期达到发病高峰。

2. 发生规律

栗仁斑点病是多种真菌侵染所致的传染性病害，主要病原菌为炭疽菌、链格孢、镰刀菌和青霉菌。病原菌在枝干病斑上越冬，病菌孢子借风雨传播，侵染果实。在板栗生长期间幼果即已带菌，但发病率很低，8月底9月初板栗即将成熟时表现症状。采收后经过沙藏、预选、销售等环节时，病害发展，病粒率提高。加工挑选为商品栗过程中，病粒继续增多，达到最高峰。此后气温降低，发病率不再提高。此病发生发展与温度、栗实失水密切相关。采收至加工期的15～25d气温较高，是病情发展关键时期。沙藏温度高，栗果失水，有利于病斑扩展。早采的栗果发病较重，自然掉落的栗果发病轻，采收、贮运过程中机械损伤多会加重该病害发生。

3. 防治方法

①加强树体管理，改善密植园通风透光条件，增施有机肥，增强树势，提高树体抗病能力。

②及时刮除树上干腐病斑，剪除病虫枯枝，减少病菌侵染病原。

③发病重的栗园和夏季多雨年份，在7月份、8月份至采前20天交替喷洒50%苯菌灵可湿性粉剂1200倍液或40%苯醚甲环唑4000倍液，全年喷1~2次。

④禁止采青，及时捡拾自然落地的栗果，采收和储运时减少机械损伤。

⑤采用双层湿麻袋储存入库，做好储存环境的温度和湿度的调控，温度保持在-3℃~5℃范围内，湿度以外层麻袋不干为宜。

（四）缺素症

1. 症状及规律

板栗缺素症以缺铁、缺锰、缺镁、缺硼最为多见，使植株生长受阻或矮化。

缺铁症：初期叶色变黄，叶脉仍保持绿色，旺盛生长期症状明显，严重时叶片完全失绿，边缘焦枯。

缺锰症：中部叶先出现叶脉间浅绿、发黄，向上向下发展。

缺镁症：老叶先出现症状，从叶缘开始，叶脉间发黄，提早落叶。

缺硼症：嫩枝顶端萎缩，幼叶变厚，皱缩，质脆，节间变短，空蓬增多，坚果小，成熟期延迟，须根少。

2. 防治方法

①缺铁：土施硫酸亚铁和硫酸锰或草木灰；失绿前叶面喷施全元素的叶面肥或0.3%的硫酸亚铁。

②缺锰：5月份、6月份叶面追肥0.3%硫酸锰，5~7d一次，连喷3次。

③缺镁：根施镁盐或钙镁磷肥每株0.5~1kg。或生长期叶面喷施2%~3%硫酸镁，方法同②。

④缺硼：早春或雨季土壤施肥，每株施硼砂100~300g，或在5月份叶面追肥0.5%硼砂液，方法同②。

三、常见虫害及其防控措施

（一）栗瘿蜂

栗瘿蜂又叫栗瘤蜂，属膜翅目，瘿蜂科。主要危害板栗树，我国各板栗产区几乎都有分布。发生严重的年份，栗树受害株率可达100%，是影响板栗生产的主要害虫之一。

1. 危害症状

以幼虫危害芽和叶片，形成各种各样的虫瘿。被害芽不能长出枝条，直接膨大形成的虫瘿称为枝瘿。虫瘿呈球形或不规则形，在虫瘿上有时长出畸形小叶。在叶片主脉上形成的虫瘿称为叶瘿，瘿形较扁平。虫瘿呈绿色或紫红色，到秋季变成枯黄色，每个虫瘿上留下一个或数个圆形出蜂孔。自然干枯的虫瘿在一两年内不脱落。栗树受害严重时，虫瘿随处可见，很少长出新梢，不能结实，树势衰弱，枝条枯死。

2. 发生规律

每年发生1代，以初龄幼虫在寄主芽内越冬。当春季栗树抽梢时，在新梢枝叶上出现小型瘿瘤，5月下旬幼虫老熟在瘿瘤内化蛹。6月上旬成虫羽化，咬破瘿瘤外出活动并产卵，幼虫孵化后在芽内为害一段时间，并在被害处形成椭圆小室，至9月下旬开始越冬。翌年春季继续为害。栗瘿蜂的天敌以寄生蜂为主，种类很多，主要是长尾小蜂。

3. 防治方法

①连年修剪。放任果园虫害较重，连年修剪能剪除虫瘿周围的无效枝，尤其是树冠中部的无效枝，能消灭其中的幼虫。

②剪除虫瘿。在新虫瘿形成期，及时剪除虫瘿，消灭其中的幼虫。剪虫瘿的时间越早越好。

③保护栗瘿蜂的寄生蜂——中华长尾小蜂，在其成虫期4月下旬至5

月上旬期间勿用药。

④5月份、6月份摘除树枝上的嫩瘤，带出园外销毁。

⑤6月上旬成虫出现盛期，喷4.5%高效氯氰菊酯1500～2000倍液或20%的甲氰菊酯乳油2500～3000倍液。

（二）板栗红蜘蛛

板栗红蜘蛛又叫栗叶螨、针叶小爪螨。

1. 危害症状

该虫以幼螨或螨刺吸叶面内营养，叶片受害时沿叶脉两侧失绿，出现灰白色斑块。严重时，会使叶片变黄、变褐、焦枯至死亡，甚至造成全树落叶，严重影响树势和当年及次年产量。

2. 发生规律

华北地区每年发生5～9代，以卵在1～4年生枝条的背阴面越冬，主要分布于叶痕、粗皮缝隙和枝条分杈处。越冬卵从栗叶伸展期开始孵化，集中孵化期在4月底至5月上中旬；5月初，有80%～90%的卵集中在10d左右孵化。幼螨孵化后即集中到栗幼嫩新梢上取食为害；6月份至7月初为高发期。高温干旱年份为害尤其严重，爆发严重时每叶成螨少则数百头，多则上千头，可使叶片全部失绿，变为黄白色至灰白色，直至全叶变褐焦枯，提前脱落。因成虫、若虫、幼虫多集中在叶正面取食，所以遇暴风雨冲刷虫口减少，为害减轻。

3. 防治方法

（1）品种混栽

避免大面积栽植单一品种，最好选择几个品种混栽，降低对板栗红蜘蛛敏感品种的虫口密度。

（2）提高湿度

高温干旱季节，在板栗红蜘蛛大面积发生前期，有条件的栗园要及时浇水，降低栗园温度，提高空气湿度。

（3）栗园生草

春季栗园实行生草制，也可种植花生、绿豆等矮秆作物，能降温保湿并为天敌的繁殖与活动提供适宜环境。

（4）保护天敌

注意保护和利用天敌，栗园中天敌主要有草蛉、食螨瓢虫、蓟马、小黑花椿及多种捕食螨等。

（5）化学防治

①萌芽前喷 3~5 波美度石硫合剂。

②5 月上旬防治第一代幼螨，可用药剂有 20% 阿维螺螨酯 4000 倍液或 20% 螨死净 2000 倍液或 1.8% 齐螨素 3000 倍液等。

③6 月份麦收前增殖迅速，平均每叶达 5 头叶螨时进行药物防治，15% 哒螨灵 1500 倍液、1.8% 齐螨素 3000 倍液等加 5% 尼索朗 2000 倍液或 15% 噻螨酮 1500 倍液等。尽量施用专一杀螨剂，避免使用广谱杀虫剂。

（三）栗大蚜

栗大蚜，又称栗大黑蚜虫。

1. 危害症状

以成虫或若虫群居于板栗新梢、嫩枝、叶片背面刺吸汁液为害，被害枝梢枯萎，生长缓慢，树势衰弱，严重影响果实生长发育，是板栗的主要害虫之一。

2. 发生规律

每年发生 8~10 代，以卵越冬，越冬卵常位于枝干背阴面。翌年 4 月初孵化为无翅雌蚜，群集危害树梢；5 月初胎生有翅雌蚜及无翅若蚜，有翅雌蚜迁飞到栗树的枝、叶、花上为害。10 月下旬产生性蚜，交配后集中产卵、越冬。

3. 防治方法

①冬季落叶后到萌芽前，结合冬剪及时发现越冬虫卵，用木棍刮除或

戴手套直接抹除。

②保护和利用各种捕食性的瓢虫、草蛉等天敌。

③栗大蚜发生初期，喷 20% 吡虫啉乳油 1500 倍液、10% 啶虫脒 1500 倍液或 50% 抗蚜威可湿性粉剂 1500～2000 倍液等进行喷雾防治。

（四）金龟子

金龟子包括苹毛金龟子、小金花金龟子、黑绒金龟子、铜绿金龟子等。

1. 危害症状

金龟子是危害板栗的一种主要害虫，在生产中表现为经常将板栗幼树的嫩叶吃光，造成 2 次长叶，使板栗的初花最佳授粉时期光合效能减弱，影响板栗的产量和质量。

2. 发生规律

每年发生 1 代，以成虫在土里越冬，第二年 4 月成虫开始出现，为害严重时，大量成虫集聚在栗芽、叶处取食为害，可把芽、叶食光，是影响板栗生产的主要害虫之一。

3. 防治方法

①物理防治。可在水池、水盆上方使用黑光灯、紫外灯或白炽灯或用糖醋液诱捕金龟子成虫，金龟子是很好的饲料，蛋白质含量很高，可直接喂鸡或晒干粉碎作为饲料。

②化学防治。5 月份至 9 月份采用低毒、低残留、高效的杀虫剂灌根毒杀蛴螬，5% 功夫菊酯 2500 倍液或 40% 毒死蜱乳油 1200 倍液防治成虫等。

③园艺防治。在果园内放养鸡、鹅，深翻晾晒树下土壤可有效杀灭蛴螬；施用腐熟农家肥；冬春季耙细耕作土，以破坏蛴螬或蛹的越冬土球。

（五）栗透翅蛾

栗透翅蛾又称赤腰透翅蛾，俗称串皮虫，是危害板栗的一种主要害虫。

1. 危害症状

幼虫主要危害板栗树干或主枝韧皮部和形成层，一般主干下部和树干丫杈部位及伤口受害较重。受害部位表皮失去光泽、肿瘤状隆起，皮层翘裂，并流出红褐色液体，有腐臭味。虫道内充满木屑和虫粪，但不排出树干外。轻者影响板栗树体正常生长，使板栗减产，严重时蛀道环绕树干或主枝一周，造成虫枝枯死或者全株死亡。

2. 发生规律

1年1代，少数2年1代，以不同龄期幼虫在受害树枝干老树皮下越冬。次年4月越冬幼虫开始活动，取食韧皮部，4月份至6月份向外排粪最多，6月份至7月份在树皮下潜食，范围逐渐扩大。7月中旬老熟幼虫在附近的树皮表面处筑室化蛹，8月上旬成虫出现，8月下旬至9月下旬为羽化盛期，也是成虫产卵盛期。

3. 防治方法

①生长季节适时中耕除草、施肥，清除杂草灌木，及时防治枝干病害和其他虫害，增强树势；栗园落叶后至发芽前结合冬季整形修剪，剪除虫害枝，刮除老树皮，集中烧毁。

②避免机械损伤，保护好嫁接伤口，采果时不要损伤树皮。

③幼虫为害盛期，及时查找虫源，发现树皮起大鼓包并有黑色粪便排出时，用刮刀刮除被害组织带出果园销毁，露出健康组织，然后涂60～100倍的吡虫啉等具有内吸作用的杀虫剂。

④幼虫孵化期，用刀刮除地面至主干1m以内的粗皮，集中烧毁，并在树干上涂白，阻止成虫产卵。

⑤成虫产卵期和幼虫孵化期树干上喷20%的灭幼脲3号1500倍液、

5%的功夫菊酯2500倍液或4.5%高效氯氰菊酯1500倍液。

（六）舞毒蛾

舞毒蛾俗称秋千毛虫、柿毛虫、松针黄毒蛾，是近几年来危害板栗叶片的一种主要害虫。

1. 危害症状

幼虫主要危害叶片，食量大，食性杂，严重时可将全树叶片吃光。

2. 发生规律

每年发生1代，以卵块在树干背面越冬，越冬卵于5月初孵化，初孵幼虫有群居习性，白天多群栖叶背面，夜间取食叶片成孔洞，受震动后吐丝下垂借风力传播。5月下旬即开始分散上芽为害，群体为害明显，自2龄之后分散取食，有昼夜上下树转移习性，一般早上下树在树皮、石缝处潜伏，傍晚上树为害，主要危害叶片和雄花，把叶片吃成缺刻和孔洞，严重时将叶片吃光。

3. 防治方法

①铲除杂草，冬春人工刮除卵块，剪除栗树枯枝、残枝、病虫害枝，并集中烧毁，减少虫口基数。

②在幼虫暴食期前的3~4龄期进行人工采集幼虫。

③6月份幼虫发生期喷5.7%甲维盐5000倍液或20%灭幼脲3号1500倍液。

④利用该虫具有趋光性的特点，及时掌握舞毒蛾羽化始期，预测羽化始盛期，利用黑光灯或频振灯配高压电网进行诱杀成虫，灯与灯间的距离为500m。

⑤保护或释放舞毒蛾天敌，如舞毒蛾黑瘤姬蜂、卷叶蛾姬蜂、毛虫追寄蜂、广大腿小蜂、舞毒蛾平腹小蜂。

（七）木撩尺蠖

木撩尺蠖别名小大头虫、核桃尺蠖、木撩步曲、洋槐尺蠖。

1. 危害症状

主要为害板栗、核桃、红果、山杏等多种林木及蔬菜等农作物，杂食性。平时可见叶上竖起的虫子，枝杈间横置似小棍。大发生时单株果树有虫达数千头，几天可将栗叶全部吃光。

2. 发生规律

华北每年发生 1 代，以蛹在地表下 1~10cm 处越冬。成虫羽化始期在 5 月下旬，盛期在 7 月中下旬，末期 8 月上旬，长达 2 个多月。成虫白天静伏在树干、叶丛、梯田壁及杂草、作物等处，夜间活动交尾产卵。成虫有较强的趋光性。卵多产在树皮缝里或石块上，以树杈处较多。幼虫于 7 月上旬孵化，孵化盛期在 7 月下旬至 8 月初。老熟幼虫于 8 月底入土化蛹。树干下松土层，潮湿的石堰缝中，常可找到几十头至上百头蛹。

3. 防治方法

①早春挖虫蛹。早春根据虫害发生情况，在蛹较集中的园内，刨树盘挖捡虫蛹，压低虫量。

②灯光诱杀。可利用成虫趋光性，设黑光灯诱杀，也可清晨人工捕捉。

③药剂防治。在幼虫 3 龄前食量小，抗药力差，应适时喷药。常用药有 4.5% 高效氯氰菊酯乳油 1200 倍液或 40% 毒死蜱 1200 倍液效果均好。

（八）桃蛀螟

桃蛀螟是危害板栗果实的主要害虫，杂食性，转寄主植物较多，同时也是贮藏运输期间引起腐蛀的原因之一。

1. 危害症状

主要以幼虫危害栗球、栗实，被害栗球苞刺干枯，易脱落；被害栗实内充满虫粪，且有丝状物粘连，影响食用，易引起霉烂。

2. 发生规律

每年发生 2~3 代，以老熟幼虫在栗树粗皮裂缝、树洞、干栗苞、玉米秸秆等处结茧越冬，少部分以蛹越冬。翌年5月下旬至6月上旬发生越冬代成虫，成虫对光有明显趋性，对糖醋液有一定趋性，白天不活动。6月产卵，20:00至22:00点交尾产卵，卵期1周左右，孵化高峰多在6月中旬。幼虫期15~20d，蛹期7~9d。7月下旬至8月上旬出现第1代成虫，主要危害板栗，桃、李等果树。第2代幼虫主要危害中晚熟玉米和向日葵，成虫于8月中旬在栗蓬刺间产卵，以两蓬之间最多。第3代幼虫蛀食栗蓬，盛期在9月上旬。采收时大部分幼虫在栗蓬上为害，尚未危害栗果，栗苞堆放10~15d为果内为害高峰，被害栗果被食空，充满虫粪，失去商品价值。

3. 防治方法

①冬季清除林间地面落果，将树枝干的粗皮、老翘皮刮净，集中处理，以消灭越冬幼虫。

②在密植栗园周围和大树下适时种植向日葵等转寄主植物，于秋季再把向日葵等从栗园内清除烧毁，消灭其中的幼虫、蛹，减少虫源，是生产中简便有效的好方法。

③在7月下旬投放性诱剂芯，平均每亩挂2个诱捕器，诱杀成虫。

④在栗园内安装杀虫灯或黑光灯，树上挂糖醋罐，诱杀桃蛀螟成虫。

⑤采收后及时脱粒，清洁越冬场所，及时烧掉板栗刺苞。

⑥7月中下旬全园喷20%灭幼脲1500倍液或4.5%高效氯氰菊酯1200倍液进行药剂防治。

（九）栎粉舟蛾

栎粉舟蛾又叫旋风舟蛾，俗称屁豆虫。2018年，在邢台县（今邢台市信都区）西部山区（龙泉寺、城计头、浆水、将军墓）等地发现有部分柞木林及板栗危害的现象。

1. 危害症状

多在叶背取食，后转移到叶缘咬食叶片，小幼虫能吐丝下垂，5~6天就可将柞叶吃光。

2. 发生规律

该虫主要为害板栗、柞木。每年 1 代，以蛹越冬，7 月上旬左右羽化为成虫，然后产卵，卵散产，一片叶产卵几粒，一头雌蛾产卵 150～450粒。7 月中旬开始出现幼虫，8 月底、9 月上旬幼虫老熟。以幼虫为害，8月中下旬为危害盛期。

3. 防治方法

①减少虫源。主要措施是挖蛹灭蛹，9 月初栎粉舟蛾开始下树化蛹，为减少来年危害，要组织人力挖蛹，减少虫口数量。

②药剂防治。4.5% 高效氯氰菊酯乳油 1500 倍液、25% 灭幼脲 1500 倍液、2% 甲氨基阿维菌素 3000 倍液或 45% 毒死蜱乳油 1500 倍液。

（十）栗剪枝象甲

栗剪枝象甲，是板栗种植常见的虫害。属鞘翅目，象甲科。成虫体长6.5～8.2mm，体蓝黑色，有光泽，密被银灰色茸毛。卵椭圆形，初产卵时乳白色，后渐变淡黄色。

1. 危害症状

以成虫咬食嫩果枝补充营养，产卵前将果枝咬断，仅留表皮，果枝倒悬于空中，造成大量栗苞落地，严重时使栗树减产 50%～90%。

2. 发生规律

每年发生 1 代，以老熟幼虫入土越冬，第二年 5 月化蛹，6 月上旬成虫出土，下旬为盛期，成虫白天活动，夜间静伏，成虫多在树冠下部取食嫩蓬补充营养，有假死性，受惊扰即落下。雌虫产卵后多将果枝咬断，致使果枝落地。7 月下旬幼虫开始蛀果危害，最后可将全部栗肉吃空，使果内充满褐色粪便及粉末蛀屑。幼虫老熟后咬一圆孔脱果入土越冬。

3. 防治方法

①深耕栗园，消灭越冬的幼虫。

②拣拾落地被害枝或栗苞，集中烧毁。

③6月上中旬在成虫发生期，向树上喷洒5%功夫菊酯2500倍液。

（十一）栗实蛾

栗实蛾又称栗子小实蛾、栎实小蠹蛾。主要分布于北方栗产区，危害栗、栎、榛和核桃。成虫体长约8mm，银灰色。触角丝状，下唇须圆柱形，略向上举。前翅灰黑色，前翅前缘有向外斜伸的白色短纹，后缘中部有4条斜向顶角的波状白纹。后翅黄褐色，外缘为灰色。卵扁圆形，略隆起，白色半透明。

1. 危害症状

以幼虫蛀食板栗、栎、核桃的总苞和果实，板栗受害最重。粪便排于果内，有时咬伤果梗使其早期脱落。

2. 发生规律

栗实蛾一般每年发生1代，以老熟幼虫在栗蓬或落叶杂草内结茧越冬。第2年6月份化蛹，蛹期为13~16d；7月上旬成虫开始羽化，7月中旬为羽化盛期，成虫寿命为7~14d，成虫在傍晚交尾产卵；卵产于栗蓬附近的叶背面、果梗基部或蓬刺上，7月中旬为产卵盛期，7月下旬幼虫孵化；初龄幼虫蛀食栗蓬，此时尚未蛀入种仁。9月上旬大量蛀入栗实内，一般每个虫果内1头幼虫。9月下旬至10月上中旬幼虫老熟后，将种皮咬成不规则孔脱出，落入地面落叶、杂草、残枝中结茧越冬。

3. 防治方法

①落叶后清理树冠下落叶，集中处理。

②释放赤眼蜂。在7月份每亩释放赤眼蜂30万头，设置8~10个放置点，可控制栗实蛾的为害。

③栗园养鸡。每只成年鸡能控制1亩栗园的虫害，鸡既食成虫，也食蛹、卵块等，不仅有效地控制了栗实蛾的发生，也控制了其他害虫的发生。

④幼虫孵化期（7月下旬），喷4.5%高效氯氰菊酯1500倍液。

（十二）栗实象甲

栗实象甲又称栗实象鼻虫，是危害栗果的主要害虫，常引起贮藏运输期间果实大量腐烂，损失极为严重。成虫为小型象鼻虫，全体黑色或浓褐色，体长 7 ~ 9mm，雄虫头管近于体长，而雌虫头管比雄虫长约 1 倍，鞘翅密布黑色绒毛，足细长。卵圆形，乳白色，幼虫纺锤形，乳白色，头部褐色，老熟幼虫体长 9 ~ 11mm。蛹体长 7.5mm ~ 11.5mm，乳白色。

1. 危害症状

主要危害栗实和嫩叶，果外除注入孔外无明显痕迹。幼虫蛀食栗实，并形成较大的坑道，内部充满虫粪，幼虫脱果后种皮上有圆孔，钻入土中，做土室越冬。严重时能在短期内将栗实蛀食一空。成虫有假死性。

2. 发生规律

每 2 年发生 1 代，以幼虫在土层内做土室越冬。次年 7 月上旬出现成虫，8 月中旬产卵于刺苞内，卵期 8 ~ 12d，9 月上旬幼虫孵化。幼虫孵化后即在种子中串食种仁，多随果实采收被带出栗林，在堆蓬期和脱蓬后老熟脱果，极少量在果实采收前脱果，脱果后入土越冬。

3. 防治方法

①及时拾取落地虫果带出园外烧毁。

②8 月上旬成虫出土前，深翻土壤 15cm，地面喷 500 倍的辛硫磷，以杀死土中幼虫和未出土的成虫。

③于 8 月中旬成虫发生高峰时，利用成虫假死性，清晨振树，落地后捕杀，或喷 4.5% 高效氯氰菊酯 1500 倍液。

④8 月份至 9 月份初幼虫孵化期，喷 40% 毒死蜱 1200 倍液或 5% 功夫菊酯乳油 2500 倍液等，每隔 15d 喷一次，视虫害发生情况，连续 2 ~ 3 次。

（十三）草履蚧

草履蚧又名草鞋介壳虫、柿裸介壳虫、草履介壳虫，主要危害板栗、柿子、梨、桃、苹果、核桃等果树，还危害白杨、香椿等树木。

1. 危害症状

若虫、成虫密集于细枝芽基刺吸为害，致使芽不能萌发，或发芽后的幼叶干枯死亡。

2. 发生规律

此虫每年发生1代，以卵在树根附近土缝里成堆过冬。第二年气温高的晴天，若虫开始出土上树。卵孵化和若虫出土早晚很不整齐，长达1个月之久。一般3月上中旬上树较多，早春气温偏低推迟上树时间。若虫上树后，集中在1~2年生枝上吸食枝液，受害严重的树往往推迟发芽或因无力发芽而枯死。第1龄若虫期很长，甚至可长达2~3个月，经第2次蜕皮后，就能看出雌雄。雄虫蜕皮2次后，4月下旬爬到粗皮缝内、树洞、根部土缝里，分泌棉状白色蜡毛化蛹，5月上中旬变为成虫。雌成虫蜕皮3次变为成虫，交尾后于5月底下树潜入树根土缝中，分泌白色棉状物，并在其中产卵，成虫5月底至6月初产完卵后死亡，以卵越冬。小若虫有日出上树、午后下树的习性，稍大后不再下树。

3. 防治方法

①利用小若虫每天上树和下树的习性、雌成虫下树产卵的习性，在树干基部于3~5月涂黏虫胶粘住若虫或成虫，集中处理。

②若虫上树前，在离地面50cm处的树干上用胶带粘上塑料布，做成筒状，防止若虫上树，此方法简单易行，效果显著。

③若虫发生期，喷洒40%毒死蜱800倍液加助剂效果好。

④保护和利用黑缘红瓢虫，可防治此虫。

（十四）舟形毛虫

舟形毛虫又名平掌舟蛾、苹果天社蛾、黑纹天社蛾、苹黄天社蛾，俗称举肢毛虫、举尾毛虫、秋黏虫等。寄主有板栗、苹果、梨、桃、杏、李、樱桃、核桃以及多种阔叶树。

1. 危害症状

初孵小幼虫群集叶片正面，啃食上表皮和叶肉，残留下表皮和叶脉，将叶片食成半透明的纱网状。2~4龄幼虫食掉叶片，残留叶脉和叶柄。老熟幼虫吃掉全叶后，有时还吃掉部分或全部叶柄。

2. 发生规律

每年发生1代，以蛹在受害果树下土中越冬，一般在树干周围1m以内多，在土中深度多为4~8cm。蛹常群集，如果地面坚硬，则在枯草、落叶、石块及墙缝等处越冬。在北方成虫于6月中下旬到8月上旬出现。成虫羽化多在夜间，以雨后黎明为最多，天气干旱受抑制，所以旱区栗园以7月份至8月份雨季羽化最多。成虫昼伏夜出，产卵于叶背，每头雌蛾产1~3个卵块，产卵300~600粒。成虫有一定的假死性，对黑光灯有较强趋性。卵期6~13d。幼虫共5龄，1~4龄有群集性，以1龄群集性最强。初孵幼虫白天群集叶背不食不动，在清晨、傍晚、夜间以及阴天为害。稍大时则头朝外排成一列，从叶缘向内取食。受惊动后，迅速引丝下垂，爬行时尾足翘起，而老熟幼虫无此习性，大幼虫白天多停歇在吃剩下的叶柄上，或在枝条、大枝上，头胸部和尾端翘起，形似小舟，所以称其舟形毛虫或举尾毛虫。5龄幼虫的吃食量为一生吃食量的90%，所以必须把幼虫消灭在群集的幼小阶段。9月老熟幼虫沿树干爬到地面，潜入土中、枯草、落叶、石块等处化蛹越冬。

3. 防治方法

①结合秋施基肥，清理地面覆盖物，翻树盘，消灭部分越冬蛹。或者春季清园除草消灭部分越冬蛹。

②6月份至8月份结合摘心，尤其7月份至8月份雨季及时发现群集小幼虫，及时剪除。

③针对成虫有趋光性，有条件的可在园内设黑光灯诱杀成虫。

④保护天敌，食虫鸟类如杜鹃、白头翁、黄鹂等；寄生蜂类如舟蛾赤眼蜂等。

⑤药剂防治。

幼虫发生量较大时期可用 5.7% 甲维盐 5000 倍液或 20% 灭幼脲 3 号 1500 倍液或 4.5% 高效氯氰菊酯 1500 倍液等药剂。

第十一章 采收、贮藏与加工

河北省从南部到北部跨度较大，产区的气候、土壤等生态立地条件差异很大，导致板栗品种较多，分布范围较广，成熟期也不尽一致。早熟的品种在 8 月下旬成熟，晚熟的品种在 9 月下旬成熟，大部分品种集中在 9 月上中旬成熟，有个别板栗优系（尚未审定的品种）在 10 月上旬成熟。因此，板栗采收时期的确定，要依地区和品种而异。

一、果实的采收

（一）采收期的确定

板栗开花坐果后，栗果逐渐开始发育，最初栗苞绿色，自晚夏至秋季渐转黄色，终变为黄褐色，自中央开裂，显露栗果。其内的栗果最初外皮白色，渐呈黄色，至刺苞果开裂时变为棕褐色、赤褐色或枣红色，进入成熟期。栗果的成熟期因地区、立地条件、品种的不同而有所差别，一般自开花到成熟需经 80~120d；且同一品种或类型甚至同一株树上的栗果，成熟期相差可达 10~20d。研究表明，板栗在充分成熟前 10~15d 增重最快，营养成分积累最快。因此，生产中以栗苞由绿色变为黄褐色且顶端有 30%~40% 微呈十字开裂、栗果为褐黑色且有光泽时开始分期分批采收较为适宜。

栗果的采收有以下原则：一是随熟随采。采收时应避免一个栗苞开裂采全树，一个品种成熟采全园，切忌一次将成熟和不成熟栗苞全部打落的错误做法。完全成熟时的栗果饱满，色泽鲜艳，风味佳，耐贮藏运输。如采收过早或采收未开裂的青苞，不仅产量有损失，而且栗果含水量高，栗肉呼吸强，堆积后易发热霉烂或失水干瘪，导致栗果的质量变差，还会因不耐贮藏而造成新的损失。如采收过晚，栗果落地易沾上污泥，影响外观，还会因失水而风干，降低栗果质量。二是随天采收。采收时应避开雨天，雨后初晴或晨露未干时也不易采收，否则易造成栗果腐烂。

（二）采收方法

按照板栗最佳采收标准，栗果采收分为打栗蓬法、拾栗子法、打拾结合法。在采果前，要清除或刈割地面杂草，方便捡拾栗果。

1. 打栗蓬法

当全树栗蓬开裂70%以上时，用竹、木杆将栗蓬震落或打落（对准栗苞向外斜打，以免击伤果枝），将捡起的栗蓬集中堆放在阴凉处，每层20cm喷洒少量清水，增加蓬堆内的湿度，蓬堆厚度不超过80cm。5～7d蓬苞开裂后，将栗果捡出，注意不要损害果皮的光洁度。采用这种方法进行采收，可减少用工，提高采收效率。但是有的栗农为了方便和快捷，栗蓬开裂后用木棒击打蓬苞，严重损坏果皮的蜡质光泽，甚至有的出现划痕或劈裂，易引起霉烂变质，大大降低果实的等级。

2. 拾栗子法

等树上的栗蓬自然成熟开裂后，坚果落地再捡拾。因为夜间落栗较多，最好在每天上午捡拾一次，以免中午日晒而使栗实干燥。捡拾落栗以前，如有可能先将栗树摇晃几下，然后将落栗、栗蓬捡干净，集中预贮。采用这种方法收获的栗实发育充实，外形美观，有光泽，品质优良，耐贮耐运。此种方法的缺点为捡拾时间较长，较费工、费时，损耗较大。栗实必须每天进行捡拾，否则栗果长时间在地下裸露，会失水风干，影响产量和果品质量。研究表明，栗果在树下裸露1天，失水重量达到10%以上，而且失水后的栗果在贮藏和运输中极易霉烂。

3. 拾打结合法

为了保证既采收成熟栗子，又减少风干损失，最好的方法是将拾、打板栗结合起来。将树上早期充分成熟落地的栗子，人工进行捡拾，待全树栗蓬达到采收标准时，一次将栗蓬全部打落，但一定要坚决杜绝打青苞的方法。

（三）栗果分级

板栗在生产过程中，受诸多因素的影响，其商品属性诸如大小、形状、色泽、成熟度等差异较大，即使同一果园、同一植株上的栗果，商品属性也存在一定差异。因此，在贮藏或市场供应之前，必须对采收的栗果按一定的标准进行分级，使其达到商品性状或商品标准化大体一致，这样才便于产品的包装、运输、销售和贮藏加工。同时通过栗果分级，实现优劣分置，能够有效地防止病虫和有害生物的传播与扩展。

1. 分级的目的

板栗分级是根据产品的品种、色泽、大小、形状、成熟度、新鲜度、病虫率、机械损伤率等商品性状，按照一定的标准，进行严格挑选。产品分级是对板栗果品商品化的基础处理，是板栗产品市场化的客观要求。板栗分级的目的和意义可以概括为实现优质优价，满足不同用途的需要，减少损耗，便于包装、运输与贮藏，提高产品市场竞争力。

2. 栗果的分级标准

栗果品种较多，因此分级标准各地也不同。我国目前按国家标准《板栗质量等级》（GB/T 22346—2008）进行分级。

3. 分级方法

（1）机械分级

各种选果机械大多是根据栗果直径、大小形状进行选果，或是根据栗果的不同重量进行的重量分级。机械分级，可以消除人为因素的影响，显著提高工作效率。

①果径大小分级机：其原理是仿照筛分粒状物质设计的。选果机根据旋转摇动的类别分为滚筒式、传送带式和链条传送带式三种。栗果果径大小分级机具有构造简单、故障少、工作效率高等优点，但精确度不高。

②果实重量分级机：根据栗果的重量进行计量分级。机器按其衡重的原理分为摆杆秤式和弹簧秤式两种。这类选果机构造复杂，价格高，处理栗果的能力也难以大幅度提高。

（2）人工网筛分级

即人工根据栗果直径、大小、形状通过不同的网筛孔径进行选果，特点是费工费力，效率低。

二、板栗的贮藏

板栗虽然名为干果，但贮藏时必须保持一定水分，若失水量超过种子含水量的30%，就易变腐，降低或失去商品价值。由于地理环境、栽培条件及气候的影响，板栗具有明显的区域特征，耐藏性不一致，中、晚熟品种较耐贮藏。

板栗贮藏条件要求低温、保鲜、通气，适宜温度为 -2~0℃，相对湿度90%~95%。

（一）栗果贮藏中引起霉烂的原因

板栗虽然名为干果，但主要以鲜食为主，与其他干果不同，失水风干后即失去生命力，失去鲜食的意义。板栗果实在贮运过程中怕干、怕水、怕热，稍有不慎将会造成损失，板栗贮藏质量的好坏与品种、采收时间、储藏的温湿度、管理措施以及板栗内部的生理机制有关。

1. 失水风干引起霉烂

板栗含水量在50%左右，一旦失水量过大，就会失去生命力，栗果失水后，再遇湿吸水，就会引起霉烂，板栗贮藏前失水越多，贮藏后霉烂越重。

2. 不成熟栗果引起霉烂

栗果在成熟前产量增加最快，若刚有栗蓬开裂就全树采收，会造成损失 15% 左右，此时采收的栗果，产量低、品质差、不耐贮、易霉烂。

3. 不合理贮藏方法引起的霉烂

栗果霉烂大多集中在采后 1 个月，此时气温高，栗果湿度大，呼吸作用强烈，未进入休眠，特别是早熟品种，成熟时气温在 20～30℃，栗果正处于休眠的准备阶段，生理活动比较强烈，如遇高温、高湿、通风不良时，均能引起霉烂。

（1）温度过高

贮藏中温度过高有两种情况：一是打栗蓬后堆放过厚，堆层积压过实，此时栗果由于呼吸旺盛而引起发热。据试验，蓬堆高度增加 1m，堆中温度升高 10℃，有时蓬堆中的温度高达 50～60℃，导致胚组织死亡，蛋白质变质，引起霉烂。二是在贮藏中沙与栗果的比例较低，栗果与栗果之间的呼吸旺盛发热而引起霉烂。

（2）湿度过高

采收季节多雨，栗果采收后（未经发汗）立即在高温条件下贮藏，容易引起霉烂，在湿沙中贮藏时沙的含水量过高或通气不良也易引起霉烂。

（二）板栗的贮藏方法

1. 湿沙贮藏

湿沙贮藏是板栗贮藏广泛应用的一种方法。即在阴凉的室内地面上铺一层稻草，草上再铺 8～10cm 厚的清洁河沙（湿度以手握成团、松手即散为度）。为在沙藏期不受污染，最好选用无土的干净河沙，用前曝晒 2～3d，用时加入 5% 的清水，水中融入 0.1% 高锰酸钾，其上堆放栗果，即 1 份栗 2 份沙混合堆放，也可一层栗一层沙间隔堆放，每层 3～5cm 厚，最后覆沙 5 ~ 10cm，直至高约 1m，上面用稻草覆盖。以后每隔 20 ~ 30d 翻动一次，结合检查沙子湿度，捡出霉烂果，发现堆内河沙发白（干燥时）可喷洒 0.1% 高锰酸钾水溶液，以保持湿润。喷水次数和数量要视沙堆的湿度酌情而定，喷水过多，底层栗果易变黑；喷水过少，上层栗果易变干。湿沙贮藏板栗，果实不易变质，且有促进后熟的作用，此方法贮藏时间一般为 70 ~ 90d，好果率可达 90% 以上。

2. 湿锯木屑贮藏

锯木屑松软，保湿能力强，是良好的贮藏填充材料。贮藏时可选用含水量 30% ~ 50% 的新鲜锯木屑（手捏不出水），如用干木屑可加水湿润。将完好的栗果与湿锯木屑按 1:1 比例混合，盛入木箱（桶）中，上面覆盖 8 ~ 10cm 厚湿锯木屑，贮于阴凉通风处即可。或在通风凉爽的室内用砖围成长 1m、宽 1m、高 40cm 的方框，框内地面先铺一层湿木屑，然后将栗果与湿木屑按 1:1 比例混合倒入框内，上面再覆盖 8 ~ 10cm 厚湿木屑。贮藏期间，早期 10 ~ 15d 翻动一次，中期、晚期 20 ~ 30d 翻动一次，并去掉烂果。

采用湿锯木屑贮藏，易翻动，烂果易识别，贮后栗果颜色漂亮，可在生产中推广。

3. 塑料袋贮藏

采用厚 0.18mm 的聚乙烯透明薄膜，截成长 2m、宽 1m，然后折叠，将左右开口用蜡热封或用缝纫机缝合即成。每袋容积为 0.05m³，可装栗果 25kg。塑料袋制成后用 0.1% 高锰酸钾溶液消毒备用。将栗果按每袋 25kg 装入打洞塑料袋内并扎紧袋口（塑料袋两侧各打上直径 1 ~ 2cm 的小洞，洞距 5 ~ 10cm，以利通风和散失水分），放置在通风良好、气温较稳定的室内贮藏。贮藏期间注意检查，捡出烂果。

4. 栗苞贮藏

选择排水良好、便于管理的坚硬背阴场地，最好下面铺 10 ~ 15cm 厚半干沙，将干燥、苞大色浓、饱满完整、无病虫害的球苞露天堆放在一起，堆高不超过 1m，堆好后用稻草覆盖，要做到防晒、防干、防冻。20～30d翻动一次，保持上下湿度均匀，发现堆内发热或干燥时要适当泼水。此法贮藏90d，脱苞后的栗果仍然色泽鲜艳，极少霉烂，且简便省工，适于产地农家贮藏。

5. 干藏

将栗果投入沸水煮5～10min，晒干或烘干后装入布袋或尼龙网袋里，挂在通风处，勿使受潮，可久藏不坏。

6. 冷库贮藏

贮藏方法一般用湿麻袋贮藏，贮藏用的麻袋要提前用0.5%的高锰酸钾水浸透，然后将挑选过的经过预冷的板栗装入双层湿麻袋码垛贮藏，采用麻袋包装（每袋约100kg）码垛时，应先在地面垫一层枕木（地面通风），然后每3层隔一层枕木，根据冷库高度共堆6～9层高，注意板栗堆放应与冷库四周及顶部保留一定的距离，同时并留出足够的通道以便通风换气，另外每隔4～5d，定期检查，若库中干燥，可安装加湿器或根据冷库内湿度适量地往地面和麻袋外面喷一次水（雾状），处理得当，腐烂和失水就少。冷库贮藏具有抑制板栗果发芽、贮藏量大、管理方便等优点。

7. 沟藏

选择排水良好的背阴处，挖深1m、宽0.6m、长度视栗果多少而定的沟，沟底铺放10cm厚的湿沙（含水量7%～10%，即半干沙），沙上铺一层栗果，栗果厚度不超过5cm，果沙比例为1:4。如此反复，直至距地面20cm，填沙10cm，最上部填土10cm，土壤冻结前在沟上覆土20～30cm，防止栗果受冻。如果贮藏数量较多，沟内每隔1.5m竖1把秫秸，以便透气。

8. 冰箱贮藏

电冰箱温度控制在2～3℃，将挑选过的板栗装入塑料袋，放入冰箱内，经常翻动，捡出霉烂果，可以保鲜贮藏7～8个月。此方法适宜家庭少量贮藏。

9. 湿沙压塑料袋贮藏

将充分成熟的板栗，加工挑选后，不加任何处理，直接装入完好的塑料袋中，扎紧袋口放在阴凉的地方，袋底要垫15cm厚沙子，然后用湿沙子把塑料袋蒙住，湿沙厚度10cm左右，这样可以贮藏2~3个月。可以开袋检查，如发现袋内有水珠属于正常现象，此方法可以保存到来年春季，甚至更长，而且板栗味道比刚采的还要好。

10. 土窑洞贮藏

土窑洞结构简单，建造成本低，建造速度快，选址容易，土壤的保温性能好。土窑洞一般选择坐北朝南、地势较高的地方，窑门向北或东向，以防阳光直射，窑门宽1~1.4m、高3.2m、深4~6m，门道由外向内修成坡形，可设2~3层门，以缓冲温度，最内层门的下边与窑底相平。窑身一般长30~50m、高3~3.5m、宽2.5~3.5m。顶部呈圆拱形，窑顶上部土层厚度5m以上。靠窑身后部在窑顶修一内径为1~1.2m的通风孔，再靠底部挖一气流缓冲坑。通风孔内径下大上小，以利于排风。通风孔粗细高矮与窑身长短有关，一般气孔高（从窑顶部起）为窑身的1/3左右。如气孔难以加高，可考虑用机械排风。由于窑洞深入地下，受外界气温影响小，温度较低而平稳，相对湿度较高，有利于果实的品质保持。栗果土窑洞贮藏时，贮藏时间一般为5~6个月，好果率可达90%以上。

土窑洞的结构为良好保温和有效通风创造了条件，而科学地控制通风湿度和通风时间则是管理的核心，也是贮藏成败的关键。

栗果采收后，一般散堆于窑内，或将果实堆于秸秆上，底部留有通风沟，以利于通风散热。

（1）入窑初期管理

管理的中心工作是降温，要充分利用夜间低温进行通风降温。降低窑温应从入窑前开始，当栗果入窑时，窑内已形成了温度较低的贮藏环境。白天关闭窑门和通气孔，夜间打开。此时栗果温度高，窑温也高，通风量宜大且时间长，降低窑内温度是最关键的。随着窑温和栗果温度的下降，窑内温度逐渐接近栗果贮藏所需的适宜温度，通风时间要相对缩短，使栗果温度和窑温稳定在适温范围内。

（2）冬季管理

此期管理的核心工作是保温防冻。经过前期的降温，栗果温度和窑温都稳定在贮藏的适宜温度范围，此期要降低通风量，并依据栗果温度和气温严格选择适宜的通风温度和通风时间。此期通风量要小，天气太冷时要严格封闭门窗和通气孔。

（3）春季管理

此期管理的中心工作是防止窑温回升，封严通气孔和门窗，选择夜间低温时适量通风，尽量维持窑内果实的低温。控制好窑温就为延长贮藏期创造了条件。

（三）板栗贮藏注意事项

1. 注意检查

板栗在贮藏初期，变化较大，要 10d 左右检查一次，中期、后期要 20～30d 检查一次，检查时要注意贮藏场所及栗堆内的温湿度，并及时捡出病虫果、腐烂果、损伤果。

2. 视情况采取措施

若检查时发现情况，要及时采取补救措施。如果发现堆内温度、湿度过高，要及时翻堆，降温除湿；如果发现贮藏沙或锯末发白、过干时，要洒水提高湿度；冷库贮藏要在库内放置温度计、湿度计，根据贮藏要求控制库内温湿度。

3. 严防鼠害

贮藏前，要对贮藏场所进行清理，发现鼠洞要及时封堵，并进行一次彻底灭鼠。贮藏期间还要定期检查，发现鼠害及时处理。同时，要做好预防鼠害工作。

三、板栗的加工

以板栗为主要原料开发出的品种较多，目前市场上的板栗制品主要有糖炒栗子、糖水栗子罐头、速冻板栗仁、板栗干制品等。

（一）糖炒栗子

这是我国传统的加工产品，具有浓郁的板栗芳香，深受消费者的欢迎。此产品加工工艺简单，不需去皮，可以节约大量的费用，若能解决其贮藏保鲜问题，有着极好的销售前景。

（二）糖水栗子罐头

这是我国加工较早、产量最大的一种产品，曾是我国20世纪70年代的出口产品，但目前已面临难以为继的境地，主要原因是加工费用高（需人工去皮）、生产效率低、产品质量差。在解决板栗去皮工艺和提高产品质量之前，糖水栗子罐头很难有较好的市场前景。其生产工艺流程为：板栗挑选→剥壳除内皮→整理、漂洗→预煮→整理、分拣→装罐、加糖水→排气抽真空封罐→杀菌冷却→擦罐入恒温库→包装→成品。

（三）裹衣栗子

在经过糖制后的板栗表面加涂一层糖衣或巧克力外衣，既可增加产品的保藏性，又具有独特的风味，销售前景看好。其生产工艺流程为：板栗挑选→去壳护色→预煮漂洗→真空浸糖→被糖衣、干燥→被膜→包装→成品。

（四）板栗饮料

板栗饮料的生产工艺流程为：板栗挑选→去壳、去内皮→磨浆→护色→过滤煮浆→调配→均质→灌装→杀菌→包装→成品。由于板栗富含淀粉，在饮料生产中常易产生汁液分离，因此会造成饮料分层、沉淀现象。

（五）速冻板栗仁

近年来，速冻板栗仁发展很快，如北京富亿农板栗有限公司、承德市神栗食品股份有限公司、河北遵化栗源食品有限公司均采用日本先进的技术和设备，生产出的产品深受消费者的欢迎。其生产工艺流程为：板栗挑选→去壳、去内皮→分级→清洗→速冻→包装→成品。

（六）干制板栗

板栗的干制，宜在低温下进行。否则，易造成栗果外形扭变，形差色深。板栗的干制可生产如下几类产品：①栗干。整粒板栗置于低温下，缓慢干燥至含水量小于12%。②板栗片。是现在市场上流行的果蔬脆片。加工方法有烘干法和真空油炸法。采用烘干法，若以生板栗为原料，则板栗脆片不能保持板栗原有的味道和香气。若用熟板栗为原料，则在切片时易被切碎。因此，可以考虑采用硬化处理和用板栗低糖脯为原料。③板栗粉。干燥方式可采用热气流干燥，温度在120℃左右，不宜过高，以免焦煳。④即食栗糊。采用烘烤结合膨化工艺进行生产，这一产品与市场上的花生糊、芝麻糊、核桃糊等食品类似，加工方法简单，食用方便。

第十二章 唐山市、承德市、石家庄市、邢台市板栗产业发展基本情况

一、唐山市板栗产业发展基本情况

（一）概况

1. 地理位置

唐山市位于河北省东部，东经 117°31′~119°19′，北纬 38°55′~40°28′；东隔滦河与秦皇岛市相望，西与天津市毗邻，南临渤海，北依燕山隔长城与承德地区接壤；东西广约 130km，南北袤约 150km，总面积为 13472km²。其中山区面积 5320km²，占 39.5%，平原区面积 8152km²，占 60.5%。

2. 地貌

唐山市地势北高南低，自西北向东南倾斜。北部山区海拔高度一般为 50~600m，最高点为迁西县北部的八面峰，海拔为 842m；中部为山前平原，海拔 50m 以下，地势平坦，南部和西南部为滨海盐碱地和洼地草泊，海拔为 1.5~10m。

唐山市土壤分布随地形由山区向平原依次变化而不同，可分为棕壤土、褐土、红黏土、新积土、风沙土、石质土、粗骨土、沼泽土、潮土、砂礓黑土、水稻土、滨海盐土等 12 类。其中以褐土面积最大，占全市面积的 40%，其次为潮土，而红黏土面积最小。

全市河流众多，水系纵横，包括滦河、冀东沿海和蓟运河三大水系。

　　按地貌单元分为北部山区和南部平原区。山区出露岩层主要有震旦系白云岩、奥陶系石灰岩、石炭二叠系砂页岩及河谷盆地的第四系砾石、砂岩等；平原区主要为第四系冲洪积、海（湖）积松散岩类沉积物，由砂卵石、粗砂中砂、砂质黏土、黏质砂土及黏土等组成，具有垂向上多层叠置，水平向作均质变化的特点。地貌多样，土质肥沃，是多种林果产品的富集产区，被称为"京东宝地"。

3. 气候条件

　　唐山市属暖温带半湿润季风气候，气候温和，四季分明，全年日照2600 ~ 2900h，平均日照百分率为30.6%，年平均气温10.3 ~ 11.5℃，无霜期180 ~ 190d，降霜日数年平均10d左右，常年降水500 ~ 700mm，蒸发量1776mm。

　　气温：极端最高气温40.4℃，极端最低零下26.7℃。

　　风力：年平均风速2.4m/s，最大风速20m/s。

　　其他：平均相对湿度59%，最大积雪深度10 ~ 30cm，最大冻土层60 ~ 100cm。

4. 板栗资源状况

　　据河北林业网站发布的2017年板栗统计数据显示，截至2017年底，唐山市板栗现有面积8.11万hm^2，结果面积6.64万hm^2，产量9.66万t。全市有61个乡镇种植板栗，集中分布在迁西县、遵化市、迁安市。其中2017年迁西县面积5万hm^2，结果面积4.5万hm^2，产量5.67万t；遵化市板栗面积2.39万hm^2，结果面积1.46万hm^2，总产量2.82万t；迁安市板栗面积0.69万hm^2，结果面积0.66万hm^2，总产量1.14万t。三个主产区板栗总产量9.63万t，占唐山市板栗总产量的99.69%。

　　唐山市板栗栽培品种主要有燕山早丰、燕山魁栗、燕山短枝、大板红、紫珀、遵化短刺、东陵明珠、遵达栗、塔丰等。

（二）主要栽培模式

　　唐山市栗园多集中在北部县区，坡地栗园居多，采用围山转栽植模式，占板栗栽植面积的70%以上，20世纪80年代以后栽植最多，树龄多在20～40年。

1. 实生树

目前全市实生板栗树保有量占板栗总栽植面积的20%左右，管理较粗放，产量提升空间不高，并呈逐步改造、衰退趋势，面积逐渐减少。

2. 常规栽植

坡地栗园栽植密度多为3m×4m或3m×5m，平地栗园多为2m×4m或3m×4m，目前郁闭园较多，影响产量提升。

3. 密植园

多出现在2002年以后，随着退耕还林、三北造林等工程实施，平地栗园栽植逐步密植化，栽植密度2m×2m、2m×3m、2m×4m、3m×4m，少有3m×5m或4m×5m栗园，栗园郁闭始终是制约板栗亩产提高的原因之一。

（三）板栗园管理措施

①政策引导，改变栗农思想认识，提高栗园管理水平。栗园管理经历了传统经营→化学、农药经营→绿色生态经营（当前倡导模式）的转变，通过政策引导，使栗农走出化学、农药经营，禁止使用除草剂，提高经济林食用产品的生产安全认识。

②修剪方法主要推广昌黎果树研究所"轮替更新"修剪技术和河北科技师范学院"抓大放小"修剪技术，促进板栗增产、提质、增效，并通过培训、网络平台推广应用。

③发展林下经济。在提升板栗经营管理水平同时，倡导和促进林下经济发展，增加栗农复合经济收入。目前主要林下经营模式有林菌、林药、林禽、林粮等。

（四）主要品牌及合作组织

唐山市拥有各类板栗加工企业65家，板栗品牌直营店达到200家，板栗专业合作社 500 多家，主要有唐山尚禾谷板栗发展有限公司、金地甘栗有限公司、远洋食品有限公司、河北巨人岛食品有限公司、河北栗源食品有限公司、唐山珍珠甘栗食品有限公司、唐山市美客多食品有限公司和河北省栗泉食品有限公司等。板栗产品主要销往北京、天津、广州等国内 180 多个大中城市；同时出口日本、美国、加拿大、法国、新加坡等几十个国家和地区。全市年生产加工能力超过 10 万 t，年销售额 70 亿元。目前，唐山市板栗加工品注册产品商标有"尚禾谷""栗之花""铁栗多""栗源""美客多""珍珠王""山源""树宝"等 80 多个，已成为全国板栗产业的优质生产中心、加工仓储中心、技术研发推广中心、文化引领中心和价格形成中心。

（五）主要经验

①政府主导，指导生产。市政府特聘板栗专家长期进驻唐山，为主产县区提供生产技术服务，解决板栗生产问题，提高整体经营观念和生产技术水平。

②充分发挥板栗协会、龙头企业、专业合作社带动作用，加强学术交流，将新技术、新方法、新品种快速转化到栗农手中，发挥带头引领作用。

③充分发挥体制优势。发挥县、乡、村农业综合服务站作用，加强技术培训，使各种实用技术走进田间地头。例如，迁西县科协主办，成立了板栗技术培训学校，聘请林业技术人员进行授课，首批培训学员为各乡镇技术人员、村技术人员、经营大户等 100 多人，此举措极大地提高了迁西县板栗综合管理技术水平。

（六）存在问题及解决思路

1. 存在问题

①板栗园郁闭。这是影响板栗园产量不高的主要因素，近 20 年发展

的栗园株行距多为 2m×3m 或 2m×4m，郁闭严重。

②板栗品种单一化。受品种性状及市场需求、价格等影响，区域栽培品种出现单一化，果品质量下降，增加了病虫害大面积发生的风险。

③传统修剪急需改变。主要为清膛修剪，在板栗大树修剪上表现最为突出，受修剪安全及修剪工具等因素影响，主枝留量多，光照不足，结果部位外移，养分运输距离逐年加大，大小年现象严重。

④化学药剂投入过量。一是化肥使用过量，尤以氮肥过量使用，造成土壤板结，拮抗其他元素吸收，使板栗树出现缺素症状；二是除草剂使用过量，严重破坏土壤理化性状，毛细根死亡严重，栗园生态环境失衡，尤其是坡地栗园，地表失去植被覆盖，水土流失严重，部分乡镇板栗园出现连年不结果和成片栗树死亡情况，果品质量受影响较大。

2. 解决思路

①推广栗园规范化栽培。依托科研院校等机构，开展品种选育、管理技术交流等合作，建立上下贯通的科研、示范、推广体系，建设高标准果品生产基地，让产业发展有基础。

②大力宣传禁限使用除草剂。恢复栗园生态环境，推广栗园生草技术，改良土壤，减少水土流失，使板栗树生长环境良性循环。

③大力宣传推广新修剪技术。以板栗树"轮替更新"和"抓大放小"修剪技术推广为重点，解决板栗园郁闭等问题，使栗农快速摆脱传统修剪缚束，提高板栗产量和果品质量。

二、承德市板栗产业发展基本情况

（一）承德市板栗基本情况

1. 位置境域

承德地处河北省东北部，位于北纬 40°12′~42°37′，东经 115°54′~

119°15′；处于华北和东北两个地区的连接过渡地带，地近京津，背靠蒙辽，省内与秦皇岛、唐山两个沿海城市和张家口市相邻，北部与内蒙古自治区赤峰市、锡林郭勒盟相邻，城市跨度从北至南269km，从西往东280km；行政区域面积39519km²，占河北省总面积的21.19%。

2. 地貌

承德市地势由西北向东南阶梯下降，西北部位于内蒙古高原—坝上高原地区，海拔多在1200～2000m。因此气候南北差异明显，气象要素呈立体分布，使气候具有多样性。承德冬季寒冷少雪；春季干旱少雨；夏季温和多雷阵雨；秋季凉爽，昼夜温差大、霜害较重。

3. 气候条件

承德属季风气候区，风向的变化具有明显的季节性，虽因山地地形影响，但滤掉地方性因素引起的变化，仍具有其主导特征。冬季12月份至翌年2月份以偏北风为主，夏季6月份至8月份以偏南风为主。

承德市气温由西向东逐渐增高，全年平均气温9.0℃。平均气温年变化特征是：从2月份起温度逐月增高，夏季最热月平均气温23.0℃，无炎热期，形成良好的避暑环境。8月份温度开始下降，冬季最冷月平均气温－10℃。年降水量402.3～882.6mm。降水的分布具有干湿界限分明的季节变化特点，春季3月份至5月份降水量55.5～74.7mm，占年降水量的10%～12%；夏季6月份至8月份降水量为241.5～542.4mm，占年降水量的56%～75%；秋季降水量66.4～102.1mm，占年降水量的14%～16%；冬季雨雪稀少，为年降水量的1%～3%。

4. 资源现状

承德地处燕山山区，地形复杂，小气候类型丰富，是果树栽培的低温冷凉区，适合多种果树生长，几乎所有北方果树都有栽培。其中苹果、板栗、山楂、仁用杏已成为承德独具特色的优势树种，在省内外享有较高声誉。据河北林业网站发布的2017年板栗统计数据显示，截至2017年底，全市板栗现有栽培面积8.88万hm²，结果面积6.96万hm²，产量19.72万t，是京东板栗的主产区之一。全市 46 个乡镇有板栗栽培，集中分布在南部的兴隆、宽城、滦平三县靠近长城沿线的 24 个乡镇，承德县和平泉市部分乡镇有栽植。其中，兴隆县板栗栽培面积 3.75 万 hm^2，结果面积 3.51 万 hm^2，产量 14.72 万 t；宽城满族自治县板栗栽培面积 3.78 万 hm^2，结果面积 2.77 万 hm^2，产量 4.3 万 t；滦平县板栗栽培面积 0.61 万 hm^2，结果面积 0.2 万 hm^2，产量 0.1 万 t。栽培的主要品种有大板红、燕山早丰、燕奎、燕山短枝等优良品种。

承德市为"京东板栗"的主要栽植区。京东板栗果个适中，含糖量高，风味香甜，糯性强，品质优良，深受消费者喜爱。承德市板栗加工企业已注册"神栗""紫瑜珠"等板栗品牌，2001 年兴隆县和宽城满族自治县被评为"中国板栗之乡"。承德市京东板栗获国家地理标志产品保护，鲜板栗年销出口量约为 1 万 t，主要出口日本、韩国、东南亚及欧美等 20 多个国家和地区。

（二）主要经验

1. 成立板栗技术推广协会

为进一步加快林果产业发展，兴隆县全力推进"生态立县"战略实施，牢固树立"以生态为核心竞争力"的发展理念，以增加农民收入、改善生态环境为目标，确保惠农项目得到充分落实，成立了县、乡、村三级板栗技术推广协会。县级技术推广协会以县林业技术推广人员为骨干，以各乡镇选拔农民技术能手为补充，组建 30~50 人的专业技术人才队伍，负责各乡镇技术人员技术培训和技术示范。乡级服务队以县级协会成员为骨干，从各村选拔 1~2 名组织能力强、技术水平高的技术人才或果品大户，组建 10 人以上的分协会，负责对各村技术服务队进行培训和技术示范。村级技术服务队以乡级协会成员担任骨干，从本村选拔 5~10 名果树技术人员组建技术服务队，负责具体落实技术实施内容，为果农提供技术指导或者有偿技术服务。

通过成立技术推广协会，建立县、乡、村三级技术服务网络，负责技术落实和推广服务，做到村村都有技术员，户户都有明白人。

2. 推广板栗园自然生草技术

板栗园树下多年清耕管理，大量使用除草剂，破坏生态平衡，造成水土流失，破坏土壤微生物，致使土壤瘠薄、地力低下，严重影响果树生长和果品产量质量。果园生草后能显著提高土壤肥力，改良土壤，减轻土壤冲刷和增强土壤保水抗旱能力，生草后致密的植被和发达的根系，能有效防止风蚀和水蚀，从而对土壤起到有效的保护作用。

3. 推广整形修剪技术

目前，承德市板栗园盛果期树多数是 2002—2003 年退耕还林工程栽植的，栽培密度多是株行距 $2m \times 3m$，由于板栗的顶端结果习性明显，传统的留强去弱修剪法难以控制结果部位的迅速外移，目前大部分果园已经郁闭严重，结果表面化，病虫害增多，果品产量质量严重下降。通过推广板栗"轮替更新"修剪技术、"抓大放小"整形修剪技术，解决板栗园群体郁闭、个体内膛光秃，结果部位外移等问题，实现了优质丰产、稳产。

4. 主要品牌及合作组织

承德板栗以出口为主，有代表性的板栗出口企业是承德神栗食品有限公司和河北长城绿源食品有限公司。神栗公司是国家农业产业化经营重点龙头企业，拥有标准化有机板栗生产基地 10 多万亩，形成了"公司＋农户＋基地"的农业产业化生产经营模式，生产的板栗系列产品通过了HACCP 食品安全体系认证、ISO9001 国际质量管理体系认证、BRC 认证；同时，还通过了美国、日本、欧盟、中绿华夏 4 个有机食品认证和伊斯兰清真食品认证、犹太洁食认证等多项权威认证。与中国农业科学院、中国农业大学、承德市检验检疫局建立了长期的技术合作关系，全力打造中国板栗行业第一品牌。河北长城绿源食品有限公司是河北省农业产业化经营重点龙头企业和河北省林果产业化重点龙头企业，其小包装栗仁获得了美国低酸罐头注册并顺利出口至美国。两公司作为地方经济发展重要引擎，在助推地方经济发展、解决就业、农民增收和板栗产业发展方面发挥了至关重要的作用。

全市有以板栗为主的生产加工合作组织 300 余家，仅兴隆县就有 261 家，其中省级示范社 9 个、市级示范社 18 个，已有 24 家合作社实现与北京、天津、杭州等城市的农超、农企、农贸对接，有 4 家合作社获得出口认证，为兴隆板栗产业的发展赢得了更广阔的市场空间。

（三）存在的问题及解决思路

1. 存在问题

①板栗园密植，郁闭严重，产量低。

②成年树连年清膛修剪，内膛光秃，结果部位外移，大小年结果现象严重。

③树下多年清耕管理，大量使用除草剂，造成果园生态系统物种单一，生态功能脆弱，坡地果园水土流失严重，土壤肥力下降，对果品产量和质量造成不利影响。

2. 解决思路

制定板栗园水土流失治理整体规划，在树下大力推广果园生草耕作制度，提高果园生态系统承载能力，以改良土壤、培肥地力为核心，有效治理水土流失，改善生态环境；树上大力推广以"轮替更新修剪"为核心的提质增效技术，解决板栗园群体郁闭、个体内膛光秃、结果部位外移等问题。通过科学修剪、无公害防病治虫等技术措施，提高果园标准化管理水平，提高产量和质量，建设高标准栽培和优质果品供应基地。

三、石家庄市板栗产业发展基本情况

板栗是重要的经济林树种，兼有经济和生态双重作用，具有耐旱、耐瘠薄、适应性强的特性，被誉为山地的"铁杆庄稼"。栗果营养丰富，味道甘甜，被称为"木本粮食"。在太行山区发展板栗产业，对于消除太行山区贫困地带、保障太行山生态安全，具有十分重要的战略意义。

（一）石家庄市板栗种植基本情况

板栗是石家庄市的传统优势树种，很早以前就有栗树栽培，据清《正定府志》载："八月，栗零。注，栗苞生，外丛刺如猬，手不可近，八月熟，则苞裂而子或一或二或三自陨，故曰零。"旧志卢毓《冀州论》曰："中山好梨、栗，地产不为无珍。"清咸丰年《平山县志》记载："祠堂祭品中有栗194斤。"可见当时已广为栽培，并有一定的产量。现在平山县宅北乡南滚龙沟村还有生长1000多年的古栗树，依然结果良好，山区有自然生长的野生板栗。1949—1952年没有新发展，1953—1960年开始少量发展，到1960年成片面积达66.7hm²，总产量16t。20世纪60年代至70年代发展面积较大，到1979年成片面积达到914.7hm²、零星株树8万株。进入20世纪80年代，栗树面积有所减少，到1987年，有成片面积586.7hm²，零星株树11万株，板栗总产量50t。

近几年来，石家庄市认真贯彻落实省委、省政府关于着力改善生态环境一系列部署和要求，牢固树立习近平总书记提出的"绿水青山就是金山银山"绿色发展理念，坚持以构建京津冀重要"生态功能支撑区"和"打造绿色省会，建设生态石家庄"为目标，以大工程、大投入带动生态绿化建设大发展。突出实施了西部太行山生态绿化工程、特色经济林绿化工程等一大批重点绿化建设工程，调动了山区人民治穷致富的积极性，栗树的栽培受到重视，种植面积大幅度增长。据河北林业网站发布的2017年板栗统计数据显示，截至2017年底，全市板栗现有栽培面积0.97万hm²，其中结果面积0.41万hm²，产量0.88万t。板栗主要分布在太行山区的灵寿县、平山县、赞皇县、行唐县等地，栽培品种主要有燕山短枝、大板红、燕奎、燕山早丰、东陵明珠、紫珀等。

（二）石家庄市板栗产业区域布局

石家庄市板栗主要分布在西部山区，包括灵寿、平山、赞皇、行唐等县。

1. 灵寿县

灵寿县板栗栽培历史悠久，由于灵寿县板栗主产区土壤母质主要为片麻岩和花岗岩，土质疏松，通气透水性好，且富含钾、磷、镁、铁、钙、硅、锰等多种营养元素，适宜板栗生长，现在几百年的板栗古树仍然枝繁叶茂，硕果累累。随着退耕还林、太行山绿化等工程的不断实施建设，灵寿县板栗得到大面积发展，面积达到 4.7 万亩，主要分布在山区岔头镇、陈庄镇、寨头乡、南营乡、燕川乡 5 个乡镇，100 余个行政村，板栗已成为灵寿县山区促进经济发展和农民增收的支柱产业。近年来，灵寿县从唐山等地引进了紫珀、大板红、燕山早丰、东陵明珠等品种，进行了高接换优，产量和品质逐渐提高，截至 2017 年底，栽植面积 0.63 万 hm^2，其中结果面积 0.32 万 hm^2，产量达 0.58 万 t。

2. 平山县

平山县板栗主要分布在宅北乡和孟家庄镇，其他山区乡镇也有零星分布。其中宅北乡北滚龙沟村板栗栽植面积 3700 亩，在 20 世纪 70 年代，该村原有板栗大树约 600 亩，2002 年开始大面积栽植板栗，栽植面积 3000 余亩。北滚龙沟主要栽植品种为大板红、燕山魁栗、燕山早丰等，经过多年的栽植发展，北滚龙沟筛选出适合本村自然条件栽植的板栗品种，占该村栽植面积的 70%。孟家庄镇板栗栽植面积较大的村是元坊村，面积有 1000 亩，主要栽植品种为大板红、燕山早丰、燕山短枝等。截至 2017 年底，全县板栗栽植面积 0.16 万 hm^2，其中结果面积 0.03 万 hm^2，产量 0.18 万 t。

3. 赞皇县

赞皇县板栗主要分布在嶂石岩镇、黄北坪乡、许亭乡和院头镇等地，栽植的品种主要有燕山魁栗、燕山早丰、东陵明珠、大板红、燕山短枝等。截至 2017 年底，全县板栗栽植面积达 0.074 万 hm^2，其中结果面积 0.066 万 hm^2，产量 0.12 万 t。

4. 行唐县

行唐县板栗种植近几年才开始发展，主要是通过太行山生态绿化工程等项目栽植了板栗。截至 2017 年底，全县板栗栽植面积 0.11 万 hm^2，主要分布在上闫庄乡。

（三）存在问题

①品种化程度低，新品种推广速度慢，品质良莠不齐，有一部分还是原有的较差品种，严重影响板栗的品质和效益。

②管理粗放，修剪技术落后，单位面积产量低。

③贮藏能力不足，贮藏损耗率高，贮藏损失率达 6% ~ 10%。

④加工技术落后，初级产品多，精深加工产品少，加工转化率低，仅为总产量 25% 左右。

⑤园地基础条件差，水电路建设滞后，80% 左右的栗园靠天生产，抵御干旱能力差。

⑥销售方式单一，销售方式以外地客商在产区蹲点收购，小商贩下乡收购或果农直接到收购点销售为主，电商、微商等板栗产品互联网发展滞后。

（四）石家庄市板栗产业下一步工作

1. 加强基地建设

一是在太行山地区建立优质、高效、标准化栽培示范基地，高效引领全省板栗发展。二是扩建板栗种质资源原种基地、板栗良种接穗和砧木繁育基地，为优质板栗基地建设提供良种支撑。三是加强新品种、新技术推广。推广适宜石家庄市发展的板栗优良品种燕山早丰、紫珀、大板红、东陵明珠等。结合基地建设，在太行山产区推广应用板栗高效丰产及省力化栽培管理技术。

2. 推进板栗产业化进程

一是加大对合作社扶持力度。以板栗专业合作社为载体，建立健全社会化服务体系，重点加强板栗产业信息化服务体系建设，加快推进信息化进程，充分利用网络等现代传媒技术，采取多种形式，广泛开展对栗农的信息、科技及产品销售等多种服务，重点解决一家一户办不了、办不好的事情。二是创新协作机制。调动企业与栗农双方的积极性，积极开展老品种大树的改劣换优，提高生产水平和产品品质；指导企业采取订单方式与农民建立稳定的购销合作关系，落实栗果分级标准，实行优质优价，引导农民适时科学采收。三是推进品牌化建设。以企业为主，加大无公害、绿色、有机板栗和地理标志产品"三品一标"的开发和推进力度，促进标准化、规模化生产。

3. 进一步加强科技支撑

①建立标准体系。围绕产业发展需求，积极推进石家庄市板栗产业发展及标准化技术规程的编制工作，深入主产区开展生产技术规程和栗果分级标准宣传培训，指导农户依照标准生产，切实提高栗果质量。

②完善推广体系。完善市、县、乡镇技术推广队伍，加强基层林业技术人员培训，提高基层林业技术队伍素质，深化基层林业技术推广体系的机制创新，充分调动其积极性，构建技术培训、成果转化、信息传播、政策咨询等服务平台。

③健全示范体系。依靠主产区政府，依托龙头企业，建立新品种、新技术、新模式、标准化板栗生产示范基地，强化示范引导。创新产业监管机制，健全和强化政府对产品质量的监管体系，加强产品质量安全监管力度，确保石家庄市板栗质量、品牌安全。

④开办林果科技大讲堂。开办网络版和广播版"林果科技大讲堂"，让广大农民每天通过收音机、手机、电脑等实时、便捷、高效地获得林果管理的时令性新技术、新信息，使广大栗农与林果专家进行零距离交流沟通。

4. 强化综合开发，延伸产业链条，促进融合发展

在现有加工企业基础上，大力推动和积极培育上下游结合的集群式发展模式，推动现有企业延伸加工环节，实现板栗全树综合加工利用模式，推动板栗资源的综合利用。利用板栗修剪废弃枝条，在有灌溉条件的低山丘陵地区，推广板栗与栗蘑间种模式，提高板栗种植效益和栗园土壤肥力。积极开展板栗花、栗果综合利用技术研发，努力拓展高附加值的板栗精深加工产品的研发空间。建设板栗主题产业园区，打造旅游观光养生基地，带动生态养生、休闲观光和乡村旅游功能。举办高标准板栗文化节，宣传板栗文化，进一步延伸板栗产业链条，推进板栗产业高效发展。

（五）保障措施

①加强组织领导。以市林果技术研究推广服务中心专业技术人员为主体，结合外聘省内外科研单位、大专院校专家、教授按照"4+1"模式，组织成立石家庄市板栗产业科技支撑团队，为板栗产业提质增效提供科技支撑。主产县要建立由政府负责同志牵头、行业部门具体落实、相关部门支持配合的组织协调机制，统筹谋划，依据当地实际，及时研究制定具体的板栗产业发展方案。各相关部门要建立沟通协调机制，明确分工，协同配合，形成合力，抓好贯彻落实，共同推进石家庄市板栗产业健康发展。

②建立投资融资机制。按照"政府主导、项目支持、社会参与"的原则，努力拓展板栗产业发展融资渠道。有效整合相关项目，加大对板栗产业的补贴和扶持力度，发挥财政资金的引导作用。加快推进林地、林权流转，广泛开展招商引资，积极吸引各类企业和社会资本投入。

③强化信息服务。要充分利用数据资源优势和现代信息技术，以打造网站、微信公众号信息化服务平台和建立产业基础数据资料信息平台为重心，推进电商、微商等板栗互联网发展，强化信息服务功能。

④科技引领，推进林果产业高质量发展。强化科技攻关，进一步扶持板栗丰产栽培技术研究，支持引进优良种质资源，在板栗产业集中的区域

建立试点示范基地，通过推广优良高产新品种和配套技术示范，促进规模化、良种化种植，加快板栗产业化发展进程。

四、邢台市板栗产业发展基本情况

（一）邢台市经济林基本情况

邢台是传统农业大市，辖20个县（市、区），总人口725万，国土面积1.24万 km^2，其中山区面积570万亩，占国土面积的30%，涉及信都区、内丘县、沙河市、临城县4个县市。截至2017年底，经济林总面积达到256.3万亩，总产量达到13.6亿 kg，干鲜果品总产值52.5亿元，占全市林业总产值的53.2%，面积和产量居河北省中游水平。随着邢台市经济林的区域化、规模化发展，布局趋于合理，逐步形成了以板栗、核桃、苹果、葡萄、红枣、杏、山楂、梨为重点的八大果品基地，主要分布在信都区、内丘县、沙河市、临城县浅山丘陵区及新河县、广宗县、宁晋县、柏乡县、威县、巨鹿县、清河县等平原区等。

目前，邢台有前南峪、富岗、绿岭、至高点、红石沟、康源、栾卸、百果庄园等一大批林果产业先进典型，培育了"富岗"苹果、"绿岭"核桃等一批知名品牌。全市林果产业拥有驰名商标2个、国家级林果产业龙头企业3个、国家级林下经济示范基地1个、国家地理标志产品9个、省级无公害果品认证基地21处、省级林果产业龙头企业11家、省级林果产业专业合作社4个、省级观光采摘园70个、省级花卉苗木示范基地8个，还有多地被评为国家级果品之乡、果品名县等。

（二）邢台市板栗生产基本情况

据河北林业网站发布的2017年板栗统计数据显示，截至2017年底，全市板栗现有栽培面积4.19万 hm^2，其中结果面积4.13万 hm^2，产量

2.79 万 t。板栗主要分布在太行山区的信都区（原邢台县）、内丘县、沙河市和临城县。其中信都区面积最大，为 2.91 万 hm^2，产量 1.87 万 t，主要分布在白岸乡、路罗镇、浆水镇、城计头乡、将军墓镇、宋家庄乡、龙泉寺乡、西黄村镇、北小庄乡、冀家村乡十个乡镇；内丘县 0.74 万 hm^2，产量 0.5 万 t，主要分布在侯家庄乡；沙河市 0.46 万 hm^2，产量 0.31 万 t，主要分布在禅房乡；临城县 0.09hm^2，产量 0.11 万 t，主要分布在郝庄乡、赵庄乡。邢台市板栗栽培主要品种有燕山早丰、燕山短枝、大板红、燕山魁栗、东陵明珠、紫珀、林宝等。

邢台市板栗产业发展迅猛，企业注册的商标有"蝉房香""蝉房板栗""存亮""王旭福""浆水""前南峪"板栗等。2002 年中国首届金秋板栗节上"浆水"牌板栗被评为"优质产品"，2004 年邢台县被国家林业局评为"中国板栗之乡"；2011 年蝉房板栗产品通过中绿华夏有机食品认证中心有机认证，认证面积 2.202 万亩。2011 年 11 月蝉房板栗合作社水磨头村板栗种植基地被定为国家太行山星火产业带板栗产业沙河科技示范基地。2012 年 10 月在首届河北省果品擂台赛上，邢台市选送的林宝板栗荣获"首届河北省名优果品擂台赛"金奖，"蝉房香"板栗获得银奖。2014 年 9 月，在第二届河北省名优果品擂台赛上，邢台市的林宝板栗获"河北省板栗王"称号。在第三届河北省名优果品擂台赛上"王旭福"牌板栗获得金奖。

（三）主要做法及成效

①种植规模不断扩大。近几年来，由于核桃价格下滑，板栗作为山区主要经济树种呈现每年递增趋势，其中沙河市禅房乡板栗种植人均百株板栗树，信都区板栗种植面积为 2.91 万 hm^2，年产 1.87 万 t，产值 3 亿元，是山区农民的主要经济来源。板栗的价格由过去的每斤 4.5 元提高到现在最高 8~9 元，更加提高了栗农种植板栗的积极性。

②技术管理水平不断提高。一是创建科技样板基地，开展科技示范，

组织技术培训，加强技术指导服务，积极引进、培育和推广良种，大力普及技术管理知识，努力推广规范化种植，实施标准化管理，积极推进低产栗园改造。为了引导全市板栗产业发展，积极组织广大群众开展技术交流，提升板栗整形修剪技能素质，2019年12月13日，由邢台市林业技术推广站主办的邢台首届板栗修剪技能大赛在沙河市禅房乡举办，经过初选，共计23名人员参赛，采用专家评委和所有参赛选手共同打分方式，现场评判，现场打分，最后有十六名选手达到标准，获得2019年度邢台市板栗修剪技术能手称号。二是创新技术推广形式。邢台市信都区建立的"太行果业"微信公众号，每天都会更新果树的管理技术，专门开设了板栗专版，在生产最关键的环节，引导农民适时科学管理。

③产业化发展步伐不断加快。积极培育、扶持和发展一批龙头企业、中介组织、专业合作社、产销协会及种植大户、营销大户，不断提高板栗产业发展的专业化水平和组织化程度，推进品牌化建设，以企业为主，加大无公害、绿色、有机板栗和地理标志产品"三品一标"的开发和推进力度，促进标准化、规模化生产，不断加快板栗产业化发展的步伐。

④营销市场不断拓展。不断推进板栗交易市场的建设，加强板栗商品流通体系建设，为板栗营销创造了必要的基础和条件。积极申报"邢台板栗"商标注册即三品认证，不断提高商品品牌意识，树立良好的品牌形象，进一步提高太行板栗的市场竞争力。

（四）存在的问题

①产业链条短，深加工企业少，加工能力小。目前邢台板栗多以生栗原材料销售为主，虽然有几家板栗加工企业，如邢台志成食品有限公司和邢台宏源食品有限公司，这2家企业均位于邢台深山区，板栗加工属于初、粗加工，如糖炒栗子、板栗仁、板栗片等。邢台市板栗种植面积大，板栗的加工转化与燕山地区存在较大差异，板栗加工产品单调，产品深加工的程度较低，产业链条短，板栗产品加工增值的效果不明显。

②果品批发市场少，龙头企业少，示范带动作用、自我定价自我保护能力弱。邢台市现有果品批发市场5个，年交易量0.6亿kg，仅占果品总产量的5%。大部分果农依靠市场零售和商家上门收购。邢台市现有果品产业重点龙头企业12家，但以板栗为主的几乎没有，产品单一，市场影响力不大。

③绿色有机果品生产技术落后。主要表现在板栗标准化程度低，绿色有机等高品质生产管理技术普及不到位，板栗高标准示范园建设、优良新品种推广力度不够，先进管理技术普及率低，影响了太行山区板栗产量、质量和效益。

④项目资金支持少，银行贷款困难，林业保险业务不全面，抗御水旱雪雹等自然灾害能力低。2013年谷雨时节的雪灾，致使山区许多栗农损失惨重，有的连雇工工资发放都成为问题，严重制约了板栗产业持续健康发展。当前，板栗产业财政资金投资少、经营企业规模小、深加工企业缺少等因素是制约邢台市太行山区板栗产业发展的主要瓶颈。

（五）下一步工作措施

①进一步加强科技支撑。一是健全示范体系。依靠主产区政府，依托龙头企业，建立新品种、新技术、新模式、标准化板栗生产示范基地，强化示范引导。创新产业监管机制，健全和强化政府对产品质量的监管体系，加强产品质量安全监管力度，确保板栗质量、品牌安全。二是完善推广体系。完善市、县、乡镇技术推广队伍，加强基层林业技术人员培训，提高技术队伍素质，深化技术推广体系的机制创新，充分调动积极性，构建技术培训、成果转化、信息传播、政策咨询等服务平台。

②进一步调整品种结构。一是建立板栗良种接穗和砧木繁育基地，为优质板栗基地建设提供良种支撑。二是加强新品种、新技术推广。推广适宜邢台市发展的板栗优良品种，结合基地建设，在太行山区推广板栗高效丰产技术及省力化栽培管理技术，加强板栗整形修剪、花果管理、病虫防

控等栽培技术措施，提高板栗产量和质量，降低生产投入，增加农民收入。

③加强栗园管理，夯实生产基础。重点围绕"种、水、肥、灾"四个生产重点，提高高端板栗产出率。改造提升低产板栗园 10 万亩，从技术上把关，实现太行板栗从"多"到"好"的转变。

④壮大龙头企业，带动产品开发。培育有发展潜力的龙头企业，对板栗进行精深加工，延长产业链条，增加产品附加值，进一步实现板栗产业化。建设板栗主题产业园区，打造旅游观光养生基地，带动生态养生、休闲观光和乡村旅游功能。举办高标准板栗文化节，宣传板栗文化，进一步延伸板栗产业链条，推动板栗产业高效发展。

第十三章 燕山、太行山区板栗栽培示范园

一、宽城满族自治县艾峪口村板栗示范园

（一）基本情况

1. 自然环境

宽城满族自治县隶属于河北省承德市，位于河北省东北部、承德市东南部，燕山山脉东段，地理坐标为东经118°10′35″~119°10′15″，北纬40°17′0″~40°45′15″，与秦皇岛市、唐山市、辽宁省朝阳市交界。据河北林业网发布的2017年板栗统计数据显示，宽城满族自治县全县板栗种植面积3.78万hm²，产量4.3万t。

艾峪口村示范基地位于宽城满族自治县碾子峪镇，以古明长城为界与唐山市的迁西县只一山之隔，地处我国东部季风气候区，属半温暖、半湿润大陆性季风型气候。冬季少雪，春季多干旱，夏季高温多雨。冬季多偏北风，寒冷干燥，夏季多偏南风，炎热多雨。1月份平均气温−9℃，7月份平均气温23.9℃，年平均气温9.2℃，年最高气温39.3℃，年平均积温3300~3650℃，日照时数2825小时，无霜期170d左右，年平均降水量622mm，主要集中在7月份至9月份，光照充足，昼夜温差大，有利于经济林的生长和结果。土壤质地疏松酸碱度适中，pH为6.5~7.5，主要以棕壤和褐土为主。大多数土壤有机质含量较高，适于发展板栗产业。艾峪

口村地处县农业循环区处，没有大中型工矿企业，示范区内森林植被较好，森林覆盖率较高，自然环境好，大气质量优，满足绿色果品生产要求。

2. 产业概况

艾峪口全村共有板栗1.1万亩，示范园面积1000亩。主栽品种为本地选育的大板红，占60%以上，其他优良品种（品系）有燕山早丰、燕金、燕宽、燕山短枝等。除百年以上的实生大树外，栽植密度多为3m×4m。艾峪口村板栗栽培和生产，多以家庭联产承包责任制下的分散经营管理模式为主。近年来，通过土地流转方式，全村共有板栗种植大户30多个，板栗种植专业合作社14家，家庭农场5个，其中敬原家庭农场的大板红板栗连续两届获得京津冀果王争霸赛金奖。该村板栗专业合作社、家庭农场和种植大户的迅猛发展，积极推进了当地板栗产业的有效发展。同时，宽城县板栗产业龙头企业承德神栗食品股份有限公司在板栗栽培、生产、收购及加工的促动下，更加强有力地促进了板栗产业的蓬勃发展。

（二）效益分析

1. 经济效益

通过实施板栗省力化栽培及高效丰产技术，示范基地板栗降低了树体高度，增强了树势，实现了由树冠外围结果到内外立体结果的转变，有效地克服了大小年现象，优质果率90%以上，达到了连年增产丰产的目的。平均亩产从过去的110kg，提高到160kg。全村年增产板栗210吨，按平均18元/kg计算，年增产值378万元。

2. 社会效益

通过示范基地建设，使200多农户、800多口人实现了增收致富，解决300多个农村劳动力就业。辐射带动了周边6个乡镇40多个村的栗农学习和应用板栗省力化栽培及高效丰产技术，得到不同程度的增产增收，促进了当地板栗产业的发展和经济社会繁荣稳定。

（三）采取的主要技术措施

1. 土肥水管理

（1）土壤管理

①自然生草定期刈割。果园自然生草，前期拔除深根性杂草，当浅根性草长到 40～50cm 时，刈割一次，第二年根据草的长势刈割 3～4 次。

②树下覆盖。树下用作物秸秆或其他植物残体进行覆盖，覆盖厚度 15～20cm，每年覆盖一次。

（2）施肥

①施肥方法：

A. 放射状沟施。放射状沟施又叫辐射状沟施，根据地形，以主干为中心，从距主干 50cm 处向外挖数条辐射状的施肥沟，长达树冠外围 1m 左右，宽 40cm 左右，深 20～40cm，近树一端稍浅，外端稍深。施入肥料和表土混匀后，再覆盖底土，再次施肥时变换位置。

B. 环状沟施。适合平地和缓坡地板栗园，以主干为中心在树冠外侧垂直投影处挖一环状施肥沟，沟宽 40cm 左右，沟深 20～40cm，先将有机肥料撒在沟底，然后将化肥撒在上面，与表土混匀，再覆盖底土。每年随着树冠和树根外延、扩展，环状施肥沟位置逐年外移。环状施肥容易切断板栗的水平根，可将环状沟中断一部分。

C. 施肥枪注射施。适合前期土壤追肥，将肥水溶液用施肥枪沿树冠投影外侧根系集中分布区向土壤里注射，每株注射点 6～12 个，均匀分布，注射深度 15～20cm。

D. 叶面喷肥。将肥液按一定浓度直接喷施到树叶上，通过叶片吸收利用的一种追肥方法，适用于补充微量元素和防治缺素症。可结合病虫防治进行。叶面喷肥时要喷布均匀，叶片背面为重点；选择在阴天无雨的天气最好，晴天喷施要在上午 10：00 之前和下午 4：00 之后进行，避开中午高温时段。喷施后 4 小时内遇雨，需补喷。

②施肥时期与种类:

A. 秋施基肥。板栗采收后,采用放射状沟施或环状沟施的方法,每亩施入充分腐熟的有机肥 2000～3000kg。

B. 春施萌芽肥。3 月上中旬,土壤返浆期追施 N:P:K=2:1:1 的复合肥,有灌溉条件的果园可推迟到 3 月下旬结合浇萌芽水进行。施肥量以果肥比确定,果肥比为 10:1～10:2。

C. 夏压绿肥。7 月中下旬,将围山转坡梗的荆条、杂草刈割或作物秸秆压施于施肥沟内,每亩压施 3000～5000kg,同时施入尿素 10kg。

D. 追施膨果肥。结合夏压绿肥,肥沃地块施入 N:P:K=1:1:1 的硫基或硝基复合肥,瘠薄地块施入 N:P:K=2:1:1 的硫基或硝基复合肥。施肥量以果肥比确定,果肥比为 10:1～10:2。根据土壤墒情用施肥枪注射施入 20～40 倍的速溶复合肥或水溶肥。施肥量以原液计算,果肥比为 10:1～10:2。

E. 叶面喷肥。展叶期以 0.1%～0.3% 的尿素为主加入 0.1%～0.3% 的硼砂,膨果期和采收后以 0.3% 磷酸二氢钾为主,喷布均匀即可,板栗采收前 20 天内禁止叶面喷肥。

(3)灌水

①春灌增梢促花水。4 月上中旬萌芽前进行,灌水量以完全浸润耕作层为宜。

②秋灌膨果增重水。8 月上中旬,如遇干旱,及时灌水 1～2 次。

③冬灌封冻水。11 月中下旬,土壤封冻前灌水。

(4)排水

雨后树下如有积水要及时排水,土壤黏重地块,修建水保工程时,树盘下沿不高于 20cm。

2. 树体整形修剪

(1)整形

大板红板栗品种喜光,前期多留结果枝,不强调树形,当树体枝条达到一定数量，逐年调整、培养树形。

①开心形。平地和缓坡地，适合自然开心形，干高 50～60cm，全树留 3 个主枝，主枝开张角度为 50°～70°；主枝上选留 2～3 个侧枝，侧枝间距 50～60cm；主侧枝上着生枝组，利用轮替更新修剪即极重短截壮旺结果母枝、回缩 2 年至 3 年生枝留 2～3cm 橛，培养预备枝，翌年预备枝结果，回缩上年 2 年生枝再培养预备枝，将枝组高度严格控制在 60～80cm。

②小冠疏层形。山地果园适合小冠疏层形，干高 60～70cm，主枝 5～6 个，第一层 3～4 个主枝，开张角度为 60°～70°，第二层有 2 个主枝，角度为 60°～70°，两层间距为 120～150cm；利用轮替更新修剪，层间枝组高度控制在 80cm 以内；在各主枝上培养 2～3 个侧枝，树高不超过行距。严格控制第二层两主枝上的留枝量，不超过第一层主枝的 1/3。

（2）修剪

①修剪时间：

板栗修剪要四季进行，即春剪、夏剪、秋剪、冬剪。

A. 春剪。发芽前对生长过长过旺的直立枝条在前端剪掉 1/3，留下饱满芽，进行拉枝，拉枝角度 70°～80°，并在枝条背上每隔 20～25cm 饱满芽前 3～5mm 处刻芽，芽膨大后抹掉其他全部弱芽，使养分集中，形成壮枝结果。

B. 夏剪。除对嫁接新梢摘心去叶、拉枝、刻芽、抹芽外，对于弱树过多的弱芽、弱枝进行抹除处理，集中树体养分。

C. 秋剪。8 月中旬，对长度大于 50cm 未停止生长的枝条在新梢四分之一处进行摘心；对过长的结果枝尾枝从蓬苞以上保留 4～6 个芽进行短截。

D. 冬剪。在春、夏、秋季管理的基础上，疏除纤细枝，短截过旺母枝，疏除过密母枝和枝组，回缩多年生枝组，基部留 2～3cm 橛，培养预备枝。

②修剪方法：

A. 初结果幼树的修剪。对过长的壮旺枝从 1/3 ~ 1/4 饱满芽处短截，并从剪口第三芽开始，连续在芽前 3 ~ 5mm 处目伤 4 ~ 6 个芽，目伤宽度 0.1cm 左右，长度为目伤处粗度的 1/3。嫁接第 2 年、第 3 年树，树势壮旺，多留结果母枝，每平方米树冠投影面积留 8 ~ 12 个。三叉枝极重短截中间壮枝，打开角度，培养预备枝，利用中庸枝结果；四指枝、五掌枝疏掉弱枝，极重短截强壮枝，留下中庸枝结果。

B. 盛果期树的修剪。采用'轮替更新'修剪方法，修剪时对结果母枝要有"放"有"截"，放的结果母枝用于结果，截的结果母枝用于培养预备枝，短截保留 2 ~ 3cm 短橛，短橛基部瘪芽当年抽生出粗壮的预备枝，翌年结果。下年度冬季修剪时，对外侧有空间的主侧枝延长枝，仍然一放一截；树冠内膛和外围空间不足的主侧枝延长枝，极重短截上年结果的 2 年生枝。对于上年培养出来的预备枝，抽生两个的，一个长放结果，另一个继续极重短截留橛，培养预备枝；抽生一个的，则长放结果，回缩相邻二年生枝，留橛培养预备枝。每平方米树冠投影面积保留 6 ~ 9 个结果母枝。

C. 衰弱树的更新修剪。疏除过密的骨干枝和无效纤细枝，打开光路，集中营养；中度回缩 4 ~ 6 年生的冗长枝，减少枝干前端生长点，促进中下部抽生预备枝。

D. 郁闭园的修剪。郁闭园修剪时首先要疏除部分主干枝，打开光路；轻度回缩两树交叉枝，培养主枝中部果娃枝，控制树体高度，逐年回缩外围枝组，延长郁闭园的高产年限。

3. 病虫害防治

（1）农业防治

①加强栽培管理。加强栽培管理，增强树势，减少栗瘿蜂、红蜘蛛和板栗透翅蛾的危害。

②清洁栗园。秋末冬初彻底清扫落叶、捡拾落地栗苞烧毁或深埋；早春刮除枝干翘皮，消灭红蜘蛛、板栗透翅蛾、栗大芽等多种越冬害虫。

（2）生物防治

利用和保护天敌、点种油葵诱杀防治红蜘蛛和桃蛀螟。

（3）物理防治

利用杀虫灯、黏虫板等防治工具诱杀害虫。

4. 果实采收等等。

（1）成熟标志

栗果全面着色，具有大板红成熟时所固有的特征；栗蓬自然开裂，果座与栗蓬自然脱离。

（2）技术要求

及时捡拾自然落果，全树栗蓬自然开裂70%时采用打落栗蓬的方法进行采收；采收过程中要避免机械损伤和失水。

二、迁西县久栗农业开发有限公司板栗示范园

迁西县久栗农业开发有限公司位于迁西县东荒峪镇西荒峪村。板栗园负责人王庆久，退休后于2001年筹资17万元，承包了东荒峪镇西荒峪村南山500亩，使用权50年，2019年建成示范园。该园采用"围山转"水平沟整地，并对株间进行炮震扩穴，提高土壤通透性；整修树坪，形成一树一库，蓄水保墒；水、电、路配套设施健全，成为迁西县荒山开发治理、建设高标准生态栗园的典范。

（一）示范园基本情况

迁西县位于燕山沉降带东段南缘，境内层峦拔地，河川纵横，土壤母质以片麻岩风化较疏松的褐土为主。土壤土层较厚，有机质含量高，pH在5.6～7之间，呈中性和微酸性反应，具备良好的板栗生长环境，为京东板栗重要的生产基地。山地栗园多含砾石，通气透水性好，自然肥力高，为板栗生长提供了优越的立地条件。该地年平均气温10.1℃，无霜期

一般为 183d。日照充足，平均日照时数为 2705.9h，年有效积温 4285.9℃，年最小降水量 428.4mm，具有得天独厚的地理条件，创造了迁西板栗绝佳的品质。板栗示范园位于京津冀一体化核心地带，交通便利。示范园主栽品种为燕山早丰，株行距 3m×4m，具有灌溉条件和水利配套设施等。

（二）经济效益

迁西县久栗农业开发有限公司板栗示范园，通过大力推广板栗省力化栽培技术、高效丰产技术及增施有机肥、病虫防治等板栗生产技术，板栗产量大幅提高，2020 年，全园板栗平均亩产达 150kg，高产园片亩产达 200kg，优质果、商品果率均为90%以上，板栗平均价格 20~22 元/kg。

（三）主要技术特点

通过推广应用省力化管理及整形修剪、土肥水管理、病虫害防控等丰产栽培技术，实现栗园稳产、高产。

1. 土肥水管理

板栗树下做好垒树坪、扩穴、修整加固梯田等水保工程，春季树盘覆盖麦秸或稻草、玉米秸等。

增施有机肥，秋季采收后亩施有机肥 500kg，每 3~4 年施一次硼肥，用量为每平方米树冠投影面积 10g。萌芽前追施一次氮肥，果实膨大期追施一次复合肥，按每生产 100kg 栗果追纯 N 4.0kg、P_2O_5 1.5kg、K_2O 2.0kg 的比例追施，行间生草也可将化肥撒施于草地上。

板栗园秋施基肥，萌芽前、果实膨大期结合施肥各浇水一次。另外，上冻前浇一次透水。

2. 整形修枝

（1）时期

板栗的修剪主要在冬季进行，一般 1 月下旬至翌年 3 月中旬最为适宜。板栗同其他果树一样，营养物质在树体休眠期间是由叶部和枝干、根部运输贮存的，开春后，树液开始流动，根、茎贮存的营养由相反的方向向枝梢运输，所以修剪期过早过晚都不适宜。幼树的整形除冬季修剪外，还须夏季修剪。夏季修剪主要在新梢长到30cm以上时进行摘心摘梢，以促进新梢分枝，提早成形。

（2）方法

①短截。就是剪去1年生的部分。其作用是刺激侧芽抽生壮枝，使树冠紧凑。短截有轻有重，一般剪去枝条的1/3或更少为轻短截，剪去枝条的2/3或更多为重短截，短截轻重程度不同，对新梢生长和结果的影响不同。一般短截越重对侧芽的刺激越大，新梢生长越旺，但对当年结果不利。在板栗生产中，短截是幼树整形的一种主要方法，但在成年结果树中，由于它是顶芽及其以下2~3节形成结果枝，应当适当控制短截枝的数量。个别栗农由于不懂板栗修剪技术，几年来连年不控制短截枝的数量，采取理平头的修剪方法，造成徒长枝条生长旺盛，导致长枝不结果。此外，板栗的结果枝和雄花枝中部为盲节（无芽）。因此，短截的强度应根据芽的着生情况而定。

②疏枝。把1年生的枝或多年生的枝从基部剪除。一般情况下，疏枝减少了枝条的数量，缓和了生长势，改善通风透光条件，有利于花芽形成和开花结果。对于病虫枝、干枯枝、纤细枝以及不能利用的徒长枝等必须疏剪。但疏剪的程度要因树龄而异，幼树为增加叶片面积提早结果，除病虫枝和干枯枝外，其他枝条不宜多疏，随着树龄的增加，疏剪的程度应逐渐加重，成年树则以疏剪为主。

③回缩。回缩是对2年生以上的多年生枝进行的短截，一般是多年生枝上留下1个由休眠芽萌发的发育枝，将其先端的枝条全部剪除。对老树弱枝适当回缩，能起到更新复壮的作用。

（3）幼树整形与修剪

幼树以建造树体为主，整形通常采用自然开心形和主干疏层形两种，前者适于土层较薄的地方或干形差的品种，经 3 ~ 4 年树形即可形成，后者能形成明显的中心干，5 ~ 6 年后树形即可形成。

①开心形。树形的特点是：树冠无中心干，只有 3 ~ 4 个主枝，从主干顶端向外斜生，树冠较矮而开张，适于密植，是目前应用最多的一种树形。整形的方法是：选择 2 ~ 3 个生长健壮，分布均匀，角度适中的枝条作为培养主枝。主枝必须向外斜生，选留的主枝在 50 ~ 60cm 处短截，短截时注意剪口的方向，从各主枝发生的分枝中，再选留有一定间隔距离生长强壮的分枝 2 ~ 3 个培养为侧枝。侧枝一般留在主枝的两侧，角度略大于主枝，一般经过连续 3 ~ 5 年的整形，树形基本形成，以后每年培养结果母枝使树冠逐渐向外扩展，直至与相邻树冠相距 50cm 为止。

②小冠疏层形。树形的特点是：有中心干，主枝 5 ~ 7 个，分 2 ~ 3 层，树形比较高，主枝数量较多。选留一个生长最旺盛、直立的枝条作为中心干，培养第一层主枝 3 ~ 4 个，第二层主枝 2 个，第 2 层主枝距第 1 层主枝不小于 150cm，各主枝上选留 1 ~ 2 个侧枝，方向错开，避免上下重叠。

板栗容易发生三叉枝、四叉枝或轮生枝。整形时应对这类枝条及早抹芽疏枝，防止竞争枝的发生。对幼树上发生的徒长枝、过密枝及病虫枝，则应及早疏除，其余枝条尽量保留。总之，幼树的整形与修剪必须因地、因树制宜，不能强求一律，无论采用哪一种树形，必须在幼树时期就注意整形修剪，正确选留骨干枝，避免在长成大树后再大砍大锯，不仅影响树势，而且严重影响产量和质量。

（4）成年树的修剪

高接换优后的栗树，基本保持了原有的树体骨架，几年时间就形成大树。修剪结果树的目的主要在于调整树体结构，正确处理好生长和结果的关系，使树冠的内外上下各部位都能抽生健壮的结果母枝，以充分利用空间，增加结果部位，防止树冠枝条过密，保证内膛通风透光和生长良好。对过密和纤细枝要及早疏除，一般弱枝短截，培养健壮的更新枝，对强壮旺盛枝要及时控制，不使它徒长并促使其转化为结果枝。对弱树强枝采取多疏少留，使其转弱为强，形成良好的结果母枝，对旺树旺枝则采取多留少疏的方法，以分散树体养分，缓和生长势，从而形成良好的结果母枝。板栗树上的枝条修剪，都要因树、因环境修剪，不同枝条的修剪方法也不尽相同。

①结果母枝的培养和修剪。树冠外围生长健壮的 1 年生枝，大都为优良的结果母枝。对这类结果母枝适当轻剪，即每个 2 年生枝上可留 2~3 个结果母枝，余下瘦弱枝适当疏除，树冠外围长 20~30cm 的中壮结果母枝通常有 3~4 个饱满芽，抽生的结果枝当年结果后，长势变弱，不易形成新的结果母枝，对这类结果母枝除适量疏剪外，还应短截部分枝条，使之抽生新的结果母枝。长 5~10cm 的弱结果母枝，营养不足，抽生的结果母枝极为细弱，坐果能力也差，对这类结果母枝应疏剪或回缩，以促生壮枝。

②徒长枝的控制和利用。成年结果树上的各级骨干枝，都有可能发生徒长枝。如放任生长，势必扰乱树形，消耗养分，因此应适当选留并加以控制利用。在选留徒长枝时，应注意枝的强弱，着生位置和方向。生长不旺的徒长枝，一般不需短截，而生长旺盛的徒长枝除注意冬季修剪外，应在夏季进行摘心，也可通过拉枝，削弱顶端优势促使分枝扩大树冠，第 2 年从抽生的分枝中去强留弱，剪除顶端 1~2 个比较直立强旺的分枝，留水平斜生的。衰弱栗树上主枝基部发生的徒长枝，应保留作更新枝。

③枝组的回缩更新。枝组经过多年结果后，生长逐渐衰弱，结果能力下降，应当回缩使其更新复壮。如结果枝组基部无徒长枝，则可留 2~3cm 长的短桩回缩，促使基部的休眠芽萌发为新梢，再培养成新的枝组。

④其他枝的修剪。盛果期大树枝量和枝类繁多，大枝常出现密挤、竞争等不利情况，修剪时注意疏剪和回缩这类大枝，使之都有一定的空间。对于树冠上的纤细枝、交叉枝、重叠枝和病虫枝一般都应疏除。

（5）衰老树的更新修剪

当枝头出现大量的瘦弱枝和枯死枝时，表明此枝已衰老变弱，应及时更新复壮，栗树的更新能力较强，即使大部分枝条枯死，只要有徒长枝萌发，就能重新生长并开花结果，对于非常衰弱、已经不能抽生结果枝的大枝，一般都回缩到有徒长枝或由副休眠芽萌发生长枝的地方，以便用这些枝条重新培养骨干枝。其徒长枝的选择和利用与结果树的修剪相同。

密植园采用控冠修剪技术，控制母枝数量，稀植大树根据具体情况，有放有缩，缩放结合，轮换更新，并注意保护大伤口，保证通风透光。

3. 病虫害防治

一是搞好栗园卫生，压低病虫基数；二是加强栽培管理，壮树防病虫；三是采用低毒、低残留农药和生物制剂防治病虫，如萌芽前喷 3～5 波美度的石硫合剂、15% 沼液、树下种植谷类（创造天敌繁衍的生态条件）防治驱避红蜘蛛，种植稀疏油葵预防桃蛀螟等。

4. 适时采收

栗果全面着色，具有品种成熟时所固有的特征；树上的栗蓬自动开裂，坚果落地后捡收，待树上栗蓬开裂 70% 以上，未开裂的栗蓬由绿转黄时一次性用竹竿打下。

三、遵化市魏进河村板栗示范园

遵化市魏进河村 253 户，947 口人，现有板栗面积 4200 亩。魏进河村组建了遵化市振峰板栗种植专业合作社，负责全村板栗嫁接、施肥、修剪、病虫害防治等技术服务工作，并统一实行优质优价收购。合作社现有社员 150 户，拥有板栗 2700 亩，全部采用现代板栗生产管理技术，是遵化市板栗标准化栽培的重点示范村。2019 年，该村建立板栗省力化管理及高效丰产技术示范园 200 亩。

（一）示范园基本情况

魏进河村板栗示范园位于遵化市西北部马兰峪镇，地处燕山南麓，毗邻京、津及秦皇岛等地，交通发达。地貌以浅山丘陵为主，土壤由片麻岩风化而来，含有京东板栗生长结果所需的有机质和多种矿质营养；光照充足，年日照时数2714.8h；年均温10.4℃；年均降雨量756mm；全年无霜期185d，得天独厚的自然条件非常适合生产优质高档板栗产品，是国家区划的京东板栗最佳适生区。该地适宜的土壤、水、大气条件使这一地区生产的京东板栗具有甜、香、糯的独特品质。该示范园主栽品种为紫珀、遵玉、遵化短刺、燕山早丰等优良品种，株行距3m×4m。

（二）经济效益

魏进河村示范园通过推广板栗密植丰产修剪技术、省力化管理等生产技术，板栗产量和质量大幅提高，2020年，示范园板栗平均亩产达260kg，优质果率93%，平均售价14～16元/kg。

（三）主要技术要点

1. 土肥水管理

（1）土壤管理

①修整树盘。刨树盘，每年在春、夏、秋三季刨树盘，深度15～25cm，刨后耧碎耧平；对陡坡栗园修"一树一库""一树多库"或"库库相连"工程；缓坡栗园修"围山转"工程。

②深翻改土。每年秋季果实采收后至上冻前，结合秋施基肥进行深翻改土，在整地穴（沟）外挖宽30～35cm、深40～60cm的沟，回填时混以绿肥、秸秆或腐熟的农家肥。

③间作。选择有利于培肥地力、对板栗生长没有不利影响、需水量较少、与板栗没有相同病虫害的浅根性矮秆作物，如花生、绿豆等。间作物与幼树主干距离在1m以上，随树冠扩大，逐渐缩小间作范围。

④生草。可采用自然生草或人工生草。人工生草可选用白三叶、草木樨等。当草生长到40～60cm时刈割，割下的草直接覆盖在树盘周围的地

面上。

⑤覆盖。包括覆薄膜和覆草。前者一般在春季干旱、风大的 3 ~ 4 月份进行，覆盖薄膜时可顺行或只在树盘下。其他覆盖可用麦秸、玉米秸、稻草及田间杂草等，覆盖厚度 10 ~ 15cm，上面零星压土，以防风刮和火灾，3 ~ 4 年后结合秋施基肥开沟深埋。

⑥除草剂。化学除草剂从 20 世纪 80 年代开始推广使用，是一种省工、省时的除草方法，现在仍在普遍使用。它对板栗树存在烂根、早期落叶、树体早衰、落果等毒副作用。我们现在很多果园都注重生草栽培了，栗园生草能提高土壤有机质含量，改善土壤结构，增加土壤肥力。尤其是山坡地的杂草能有效防止水土流失，固土保肥。因此，不少板栗产区都在提倡禁用除草剂，以减少对板栗树的危害。

(2) 施肥

①基肥。时期和种类。秋季采果前后至上冻前，结合深翻施入。使用的肥料种类主要有农家肥和非化学合成的商品肥料。农家肥包括堆肥、厩肥、沤肥、沼气肥、绿肥、作物秸秆、未经污染的泥肥及饼肥等；商品肥料包括腐殖酸类肥料、微生物肥料、有机肥料及无机（矿质）肥料等。农家肥必须经腐熟后方可施用。

施肥量及施肥方法。施肥量根据栗树大小而定，一般初结果树，每株施 20 ~ 40kg 有机肥，采用环状或沟状施肥，沟深 40cm，宽 30 ~ 40cm，将表土与有机肥混匀后施入下层，上覆心土；盛果期树施肥以产定量，每生产 1kg 栗果施有机肥 10kg，一般亩施基肥 2000 ~ 3500kg，也可混入适量矿物磷钾及微量硼肥，一般每平方米树冠投影面积加施 15g 硼肥（3 ~ 4 年施一次）。以环状或放射状沟施为主。

②追肥。一年追肥 2 ~ 3 次。第一次在早春萌芽前后，以有机氮肥为主；第二次在 5 月份，第一次未追肥的可在此期进行，以有机氮肥为主；第三次在 7 月份至 8 月份，以矿物磷钾肥为主。方法采用穴施。

③根外追肥。一年 2 ~ 3 次。前期以氮肥为主，可喷 1:1 ~ 1:2 的沼液

稀释液；后期磷钾肥为主，可喷3%~10%的草木灰浸出液。采前20天内禁止根外追肥。

（3）合理施硼

缺硼是引起板栗空苞的主要原因。

①施硼时间。在春季（4月份至5月份）进行。有水浇条件的施硼后浇1次水，当年即可受益；雨季7月份至8月份施绷当年作用不明显，但第2年、第3年效果好。无论春季施硼，还是雨季施硼，施后5年之内都有明显的效果，使50%以上空苞率的树每年可以降低到5%以下。可见板栗吸收硼的数量不需要很多，树体内可积累的硼元素，几年内都能起作用。

②施硼量。土壤施硼，以树冠大小计算，每平方米施硼8~10g，要求施在树冠外围须根分布最多的区域。如果施硼过多，全树叶片边缘呈红褐色，并向中心发展，除叶脉附近呈绿色外，其他区域呈烧焦状，叶子逐渐枯萎。所以一定要掌握好施硼量，达到既能有效防止空苞产生又不产生药害的目的。

③施硼方法。叶面喷硼不如土壤施硼效果好。春季在树冠投影内须根密集区，间隔1~1.5m围绕主干挖穴，穴深25~30cm，埋入土中，也可结合秋施基肥一并施入。

（4）灌水

灌水的方法可采用抽水灌溉、蓄水灌溉，有条件的也可采用微灌。一年有3次灌水时期。

①早春，发芽前灌一次水，灌后覆盖保墒。

②8月下旬，视墒情灌水。

③落叶后上冻前，结合秋施基肥灌封冻水。

（5）穴贮肥水

山地栗园可采用穴贮肥水，即春季在树冠下的不同方位挖4~6个深50cm、直径不小于30cm、形如水桶的坑，中央埋一个高45cm、粗10cm的草把，施入有机肥封平，每穴灌水 15kg，再覆盖地膜，四周用土压严。干旱或需肥时，揭开地膜再施肥浇水。

2. 板栗密植丰产修剪技术

（1）调整树势

板栗是强枝结果，树势太弱，结果质量和产量均下降。板栗树势强弱主要由立地条件和修剪量决定，应用板栗丰产栽培管理技术，必须根据树势和修剪反应进行修剪。树势太弱，更新部位抽生细弱枝和无效枝，树势太强会抽生徒长枝，均达不到丰产效果。在实际修剪中，树势太弱应当多去大枝，适当重剪，少留结果枝组，集中营养培养健壮预备枝；树势强壮应当少去大枝，适当轻剪，多留结果枝组，缓和树势，防止抽生徒长枝。板栗整体树势应保持在中庸偏强，才能不断抽生高质量结果枝。调节好树势是决定抽生预备枝质量的关键因素。

（2）整形修剪

①重短截部位的枝龄。板栗不同枝龄的枝条营养状况差异较大，因此重短截后留下的橛上抽生的预备枝质量也不同。1 年生结果母枝基部粗度达到 0.7cm 以上时，其上营养状况良好，重短截后留下的橛上可以抽生 1~2 条芽体饱满、质量上好的预备枝，翌年可直接结果；如果 1 年生结果母枝基部粗度小于 0.7cm，则说明其营养状况较差，一般情况下重短截后留下的橛上抽生的枝条细弱，营养不充实，翌年难以结果。板栗上绝大多数 2 年生枝条基部粗度合适，营养充实，隐芽活力高，大多数重短截后留下的橛上翌年能抽生 2 条高质量健壮预备枝，翌年可结果，因此要求大量重短截 2 年生枝。3 年生枝，基部粗度小于 2.5cm 时，重短截后留下的橛上一般可以抽生质量较好的预备枝翌年结果，但当其基部粗度大 2.5cm 时，橛上枝条抽生徒长枝或者一簇细弱无效枝的比例高。枝龄大于 3 年生，重短截后留下的橛上往往抽生徒长枝，难以实现更新丰产的技术目的。

②留橛位置。根据板栗强喜光、壮枝结果特性，结合树势确定合适的

留橛位置，相同的橛，留在光照、营养条件不同的位置，抽生预备枝的质量不尽相同。选用1年生枝条打橛，则应在枝条背上、着光好的位置，这样抽生预备枝效果和质量最好。2年生枝打橛，如果树势弱、枝条细，则橛应打在枝条背上光照好的位置；树势壮、枝条壮，橛可留在侧方、下方有光照的位置。3年生枝打橛，尽量打在侧方有光照的位置，但如果树势壮可以打在枝背下光照好的位置，以缓和树势。各品种板栗树体两个橛间距控制在40cm上下为宜。

③留橛长度。重短截后，基部留下的橛的长度对其翌年抽生的预备枝（营养枝）质量有极其重要的影响。留橛过短，其上隐芽有可能生活力低，翌年无法萌发，或经过严寒冬季后橛由顶部向下抽干，导致翌年无法抽生预备枝；留橛过长，其上隐芽就多，翌年抽生预备枝数量也多，则营养分散，形成细弱枝或无效枝。因此打橛后，留橛长度严格保持2~3cm，这样橛上隐芽一般可以抽生2条高质量健壮预备枝。若使用3年生壮枝打橛，可以留橛5cm，以增加抽生预备枝数量来分散营养，均衡树势，防止抽生徒长枝。

④做好夏季修剪。板栗夏季控冠修剪技术关键是通过修剪量调节树势，在更新部位抽生预备枝翌年结果，一旦修剪量过轻或过重，均达不到更新效果。修剪过轻，抽生预备枝细弱，应在6月份至7月份疏除一部分无效枝，以集中养分；修剪过重，在抽生预备枝长到50~60cm时摘心，同时去掉顶端2个叶片，立秋前后对分枝再次摘心，积累养分，翌年结果。

3. 病虫害防控技术

（1）基础防治措施

①搞好果园清洁工作，降低病虫基数。秋末冬初彻底清扫落叶，捡拾落地栗苞，带出园外烧毁；早春刮除枝干上的老翘皮，至光滑为止，可消灭栗红蜘蛛、板栗透翅蛾、栗皮夜蛾、栗大蚜等多种越冬害虫。

②加强栽培管理，壮树防病虫。

③改变土壤耕作方式，行间种草，行内覆盖，营造有利于叶螨、蚜

虫、食心虫、栗瘿蜂等害虫的天敌繁殖的环境，在天敌数量较多时，适时刈割，迫使天敌上树，达到以虫抑虫的目的。

④合理整形修剪，控制母枝留量，使树膛内通风透光，形成一个不利于害虫生存繁衍的树体结构。

⑤准确做好病虫害的预测预报，及时防治，保证栗树的正常生长，使被害果率低于3%。

（2）主要病虫害防治

①胴枯病：3月下旬至5月下旬，及时刮除病斑，剪除病枝，刮后用石硫合剂原液或10%碱水涂干，也可以用5%草木灰浸提液喷雾。

②红蜘蛛：秋季主干、主枝绑草把诱集害虫，冬季解下草把烧毁；萌芽前喷3~5波美度石硫合剂；麦收前每叶达3头或7月中旬进入雨季后每叶7~8头时，喷施阿维菌素等。

③栗瘿蜂：5月份至6月份摘除树枝上的嫩瘤，带出园外烧毁，收集寄生了栗瘿蜂天敌长尾小蜂的干瘤，待来年春季放回栗园，抑制栗瘿蜂的虫口密度。

④桃蛀螟：采收后及时脱粒，免遭虫蛀；种植向日葵、玉米等寄主植物诱集桃蛀螟幼虫，集中烧毁；成虫发生盛期喷灭幼脲3号抑制成虫产卵或于6月上旬至8月上旬喷施BT乳剂500倍液。

4. 适时采收

栗果全面着色，具有本品种成熟时所固有的特征；树上的栗蓬自动开裂，坚果落地后拾取，待树上栗蓬开裂70%以上、未开裂的栗蓬由绿转黄时一次性用竹竿打下。

四、兴隆县早子岭村板栗示范园

早子岭村板栗示范园建于2019年，位于兴隆县李家营镇早子岭村，示范园依托"河北省板栗省力化栽培及高效丰产技术示范推广"项目建设，针对郁闭低产板栗园，应用省力化管理技术，减少管理成本，提高板栗产量，达到增产增收目的。该园作为兴隆县省力化栽培及高效丰产技术示范园发挥技术示范和辐射带动作用。

（一）基本情况

兴隆县李家营镇属中纬度地区，气候温和、雨量充沛，光照充足，年平均气温 7.5 ~ 10.4℃，年降雨量 740mm，无霜期 145 ~ 183d，≥0℃的有效积温 3117.5℃。土壤类型为花岗岩、片麻岩风化而成的砾质壤土，土质微酸，有机质丰富，光、热、水、气、肥等自然条件非常适宜板栗的栽培生长，是"兴隆板栗"的最佳栽培区之一。

燕山地区板栗园普遍存在树体高大、主枝多、内膛光秃、栗园郁闭等问题，这种板栗园管理成本高、产量低，栗农管理积极性不高甚至放弃管理。针对以上问题，只有对现有栗园进行提质增效，采取省力化栽培及高效丰产技术，降低劳动成本，增产效果明显，才能调动栗农管理栗园的积极性。

该示范园面积 200 亩，主栽品种为燕山早丰，株行距 3m × 5m，树龄为 10 ~ 20 年。示范园建立前板栗园树体高大，树体结构不合理，主枝多，内膛光秃，栗园郁闭，产量低。

（二）经济效益

示范园通过实施板栗省力化栽培、整形修剪、树下生草等简约化管理技术措施，有效降低了树高，减少了大枝数量，改善了通风透光条件，解决了栗园郁闭问题。通过技术改造，每亩平均节约劳动成本 50% 左右，示范园当年增产 20% 以上。栗园改造后第二年平均亩产 200kg，板栗品质较栗园改造前明显提高，优果率达到 90% 以上，2020 年价格每千克 13 元，每千克比市场价高 1 元。

（三）主要技术要点

1. 园区选择

选择土壤、环境适宜板栗树生长，因管理粗放、修剪技术水平低等原因导致的郁闭低产栗园。

2. 调整栗园整体结构

（1）郁闭严重栗园

郁闭严重的栗园，树体高大，枝条直立，互相遮挡，产量极低，通过修剪已无法解决通风透光。改造这种栗园需要隔行去行、隔株去株处理，整体降低栗园密度，达到通风透光目的。

（2）郁闭不太严重栗园

郁闭不太严重栗园，相邻栗树主枝互相遮挡、重叠，直接间伐会浪费空间，影响产量。这种栗园可以确定临时株、永久株。临时株不必考虑树形，只要是影响到永久株发展的大枝就去除，剩余部分用来结果，逐年去除临时株大枝，调整永久株结构，通过 2~3 年调整去除临时株，保留永久株，使栗园达到合理密度。

（3）郁闭不严重栗园

郁闭不严重栗园，相邻栗树枝头相交、重叠，这类栗园不需要去株，主要通过调整主枝、控大管小等修剪技术就可以解决郁闭问题。

3. 省力化修剪技术

近年来，由于板栗园人工费用上涨，造成管理成本增大，生产投入升高，降低了板栗栽培效益。目前，板栗栽培及生产上亟须省力化管理技术，以降低板栗生产劳动强度，减少生产成本，提高板栗栽培效益。兴隆县林业和草原局农业推广研究员赵玉亮试验示范的板栗省力化修剪技术，主要是针对低产低效的郁闭板栗大树或郁闭板栗园提出的一项省力、高效、丰产的修剪方法，通过控制树冠过大、枝条过粗、枝量过多，对郁闭大树采取疏除过高、过粗、过密的多年生主枝、大枝或枝组，降低树高，改善通风透光条件，促进内膛枝萌发。对新生枝条加强管护，培育新结果枝组，使树冠枝条结构设置合理，分布均匀，树冠、枝条及枝量大小、数量适中，实行简约化管理，并促进结果增产，达到板栗栽培中管理省力、用工高效、丰产增收的目的。

修剪方法：通过 2~3 年整形修剪，进行提干降高，将板栗树修剪成 3~5m 的高度，大枝（主枝）数量 3~5 个，树形纺锤形，树体通风透光，一年生枝比例高，多年生枝比例低，丰产性、稳产性强。

第 1 年，疏除 2~3 个过密、过高、过粗的主枝、大枝或枝组、直立枝、重叠枝、交叉枝等，小枝生长位置合理，且不影响其他枝条生长和结果，基本不用修剪，逐步培养成结果枝或结果母枝；将树干提高到 1m 左右，方便树下管理。

第 2 年，继续疏除 1~2 个过密、过高、过粗的主枝（大枝，或枝组）（直立枝、重叠枝、交叉枝等），小枝视生长情况修剪；降低树高 1~2 米。

第 3 年，疏除 3~5 个过密、过高的中枝（中型枝组），小枝视生长状况和分布空间综合考虑修剪；继续降低树高。对部分多年生枝组，回缩到 3~5cm 长的短橛，翌年春培养成新的营养枝，下一年即可结果。通过 2~3 年处理后，形成内外通风透光的纺锤形树形。

第 4 年，调整好树体结构后，对枝组进行处理，采用交替更新方法，对于过密、重叠枝组进行回缩，保留 3~5cm 长的短橛，翌年春培养成新的营养枝，第 2 年结果，如此反复，全树形成立体空间，立体结果。

4. 栗园树下生草

板栗园长草影响板栗采收，以前板栗园使用除草剂除草，造成土壤污染、水土流失越来越严重，板栗也出现树势变弱、产量低下的现象，随着人们生态保护意识越来越强，禁用除草剂势在必行，板栗树下生草成为新的树下管理模式，生草方法主要有人工种草和自然生草两种。生产上主要以自然生草为主，栗园行间自然生草，春季要注意拔除深根性高大杂草，到雨季通过杂草的相互竞争和连续刈割，自然会留下适合当地条件又不怕刈割的优势草种。板栗园树下生草，在采收前 20 天，使用割草机进行一次割草，对板栗采收基本不影响。

栗园生草的好处：①保持水土、防止栗园水土流失。②提高土壤肥力、改善栗园土壤环境。③促进栗园生态平衡，减少病虫害。④优化栗园小气候。⑤改善树体营养，提高栗实品质。⑥延长栗树根系活动时间。⑦减小劳动强度，降低生产成本。⑧促进观光农业发展。

5. 施肥技术

板栗园大多数是在山上，传统施肥技术成本太高，难以实现。采取树下生草后，通过间接施肥，改善栗园土壤养分，达到提高地力目的。具体措施是：在雨季，直接将化肥洒在栗园地面，通过雨水快速深入土壤，栗园生草吸收，再通过刈割，变为绿肥还田，提高土壤有机质及营养，这样连续几年可以有效提高土壤肥力。

6. 病虫害防治

（1）板栗虫害

科学防治病虫害，重点防治红蜘蛛、栗大蚜、板栗透翅蛾、栗链蚧、栗实象甲、桃蛀螟等害虫。春季萌芽前结合修剪刮除主、侧枝上的老翘皮，同时注意及时收集刮掉的老翘皮，并集中做好深埋或带出果园焚烧处理，清除虫源，降低虫口基数。

①红蜘蛛防治方法。一是农业防治，即板栗萌芽前清园。清扫园内枯枝落叶深埋处理，及时清理修剪下来的树枝并带出果园。二是药剂防治，5 月上中旬萌芽期，喷施螨死净 1500 倍 + 齐螨素 2500 倍。6 月中旬喷25% 三唑锡可湿性粉剂 1000～1500 倍液或 5% 阿维达螨灵乳油 1000～1500 倍液。三是生物防治，保护天敌利用捕食螨、黑蓟马等天敌控制红蜘蛛。

②栗大蚜防治方法。首先，栗大蚜最有效的防治方法就是结合冬剪进行人工碾杀越冬卵。栗大蚜的越冬卵都聚集在枝干的背下，成单层排布，冬季修剪时注意发现，及时用木棍碾压或戴橡胶手套直接抹杀。这样防治既省力，又经济，还环保。其次，5 月中旬至 6 月上旬喷布 1500 倍的蚜

虱净。

③板栗透翅蛾防治方法。春季萌芽前，用刮刀刮除被害组织，同时将周围的健康组织刮除1cm左右，因为一般透翅蛾幼虫在此范围内危害。刮好后再涂抹60~100倍的吡虫啉。

④栗实象甲防治方法。首先，秋季板栗收购点和板栗或栗蓬集中堆放地要使用水泥地面，并将周围的土质地面喷施5%的辛硫磷粉剂或50%的杀螟松乳油500~1000倍液，阻止其入土越冬。二是7月下旬至8月上旬成虫出土时树下地面喷施5%的辛硫磷粉剂或50%的杀螟松乳油500~1000倍液进行地面封锁。三是8月上中旬，成虫上树补充营养和交尾产卵期间，喷高效氯氢菊酯1000~2000倍液，连续喷施2次，中间间隔7~10天。四是在成虫上树期利用其假死性，于早晨露水未干时，在树下铺设塑料布敲击树枝捕杀成虫。

⑤桃蛀螟防治方法。在园中空地上点播向日葵，诱集成虫在其上产卵，秋后再将向日葵集中深埋或烧毁，可减少危害，又降低下年的越冬代基数。发生严重的果园可在8月上中旬喷2次高效氯氰菊酯1000倍液＋杀蛉脲2000倍液进行药剂防治。

（2）板栗病害

①栗树腐烂病防治方法。板栗树势衰弱后从各种伤口侵入，在生产中，要注意减少树体伤口，加强板栗透翅蛾等枝干害虫的防治，减少危害，并做好修剪、嫁接造成伤口的保护。同时，要增强树势，萌芽前和果实膨大期追肥，采收后施足底肥，提高树体营养储备，提高抗病能力。刮除病疤，涂抹甲硫萘乙酸或1.6%噻酶酮30~50倍液或果富康3~5倍液，进行涂抹药物防治。

②板栗空蓬症防治方法。板栗空蓬的主要原因是缺硼，补硼是解决空蓬现象的最根本措施。首先是快速补硼，在现雄期和初花期各喷一遍0.1%~0.3%的硼砂、0.1%~0.3%的尿素、0.1%~0.3%的磷酸二氢钾混合溶液，即可增加雌花数量，又可减少空蓬。二是根施硼肥。秋季采收

后，结合施基肥每平方米树冠投影面积施入硼砂10g，每隔2～3年追施一次即可达到长效补硼，防止板栗空蓬的效果。

五、邢台市信都区放甲铺村板栗示范园

邢台市信都区宋家庄镇放甲铺村板栗示范园，面积100亩，每亩栽植42株，由兄弟二人共同管理。目前，通过板栗整形修剪、病虫害防治、树下打坑、喷氨基酸等综合管理技术措施，该板栗园已成为信都区荒山治理、高标准板栗示范园。

（一）基本情况简介

该板栗示范园位于太行山南端东麓，邢台市信都区西部山区，紧临322省道，交通便利。园内土壤为片麻岩酸性土壤，海拔350～430m，气候四季分明，雨热同季，全年降水量558mm，年平均气温13.5℃，最高气温44℃，最低气温－22.4℃。

该板栗园2007年栽植，主栽品种为燕山早丰、本地品种825（当地板栗品种，民间叫法），这两个早熟品种占总面积的50%，其他品种如紫珀、东陵明珠及本地不知名品种占50%。过去栗园品种老化、品种杂、产量低、效益差，2013年进行了板栗园品种改造，进行了高接换优等工作。该栗园是山坡地，根据坡度情况挖水平沟和鱼鳞坑栽植，株距3m，行距4.5～5.5m。管理模式为大户经营管理模式，由袁俊凤兄弟二人共同管理，修剪、打药、施肥、除草等都是自己亲自管理，只是在拾栗子的关键时期雇用工人。

（二）效益

1. 经济效益

该板栗园面积100亩，年产量12500kg，平均亩产量125kg。商品果率

98%。近几年来，通过实施板栗省力化优质丰产管理技术，提高了单位面积产量，减少了管理用工，降低了生产投入，增加了板栗的栽培效益。

2. 社会效益

该栗园在取得经济效益的同时，具有明显的社会效益。改变了过去荒山荒坡面貌，目前绿树成荫，园貌整齐，改善了当地生活和生态环境。同时，收获季节雇佣工人，增加了社会劳动力和就业机会，良好的经济效益也带动了周边果农改变荒山和种植、管理经济林的积极性。

3. 产业发展情况

板栗是当地山坡上种植最适宜的树种，土壤、气候、海拔等都很适宜。近几年板栗销售市场较好，平均售价稳定在每千克 9 ~ 14 元，不像水果如苹果、桃一样波动大。苹果 2017 年平均售价每千克 5 ~ 6 元以上，2019 年平均售价每千克 2.4 ~ 3 元，降幅较大，严重挫伤了果农管理果树的积极性。近些年来，板栗价格较为稳定，大大提高了栗农管理板栗的积极性。栗农从新优品种引进、改劣换优、整形修剪、病虫害防治等方面都加大了力度。修剪上重点实施了优质丰产修剪技术，改善了栗园的通风透光条件，提高了板栗树的结果能力，提升了栗果产量和质量，增加了栗农收入。

（三）采取的主要技术措施

通过板栗树的高接换优、整形修剪、土肥水管理、病虫害防控、适时采收等综合技术措施，实现了山地板栗园稳产、丰产。

1. 嫁接改造

2013 年春季该园进行了高接换优工作，把栗园中杂乱品种进行了高头嫁接，重点应用了"高头嫁接"和"多头嫁接"的方法。

高头嫁接和多头嫁接主要技术要点：嫁接前要先对板栗树进行整形，改接前的板栗树，存在着树体高大、结构不合理、骨干枝偏多、结果枝组少、结果部位外移等问题，需要先整形。首先去掉重叠的、密挤的各级骨干枝，使整个树体光线通透，骨干枝数量布局合理，不留侧枝。整形后，从骨干枝距离主干30～40cm处拦头剪断，在保留的骨干枝上采用拦头插皮嫁接法进行改接。

（1）选优良品种

选择品种优良、丰产性强、抗逆性强、售价高的燕山早丰和当地表现较好的早熟品种进行嫁接。

（2）接穗采集和贮藏

①接穗的采集。选择树势健壮、无病无虫的板栗植株采集接穗，结合冬季修剪进行。

②接穗的贮藏。把石蜡用容器加热溶解，温度不超过85℃，手拿5～10支接穗蘸蜡，然后再蘸另一边，蘸蜡时间不超过1秒，以免烫伤芽体。接穗按品种100支一捆，写好标签，以免嫁接和贮藏时混杂。用塑料袋密封包装，及时贮藏到冷库。

（3）嫁接时期和方法

①嫁接时期。在4月上中旬进行。嫁接的物候期是砧木芽体萌动至展叶前进行。此时气温升高，树液流动，形成层活跃，树皮易剥离，嫁接成活率高。

②具体嫁接方法。在整形后保留下的骨干枝距离主干30～40cm处拦头剪断，将削好的接穗插入砧木的形成层，即树皮与木质部之间。具体操作如下：

削接穗：先将接穗下端削一个4～5cm长的斜削面，再在另一面将接穗削尖。

砧木处理：在砧木树皮上纵划一刀，用刀尖将树皮两边适当挑开，而后插入接穗。

插接穗：在插入接穗时，不要把削面全部插入，要留0.5cm的削面在接口上面，叫露白，以保证愈合良好。

用宽塑料条，将切削口包严。

（4）接后管理

板栗嫁接成活后，加强后期管理是关键，否则极易被风折和病虫危害，造成嫁接成活率高、保存率低。

①抹芽除萌。及时抹芽除萌，集中营养，使嫁接枝芽萌发，快速生长。除萌蘖的工作一般要进行 3～4 次，等到接穗生长旺盛时，萌蘖才能停止生长。

②及时补接。嫁接 10～15d 后检查一次成活情况。若没有嫁接成活应及时补接。

③解绑。当新梢长到 30cm 以上时，就要及时解除塑料条，简单的方法是在接芽的背面用刀片纵向划一刀，即能割开塑料条。

④绑支柱、绑新梢。结合解绑，及时绑支柱，绑新梢。嫁接成活后，接穗的新梢生长很快，这时结合处一般并不牢固，很容易被大风吹折。一般新梢生长到 30cm 以上时，结合松解塑料条，应在砧木的每个接穗处绑 1～2 根支柱，选二叉枝和三叉枝的棍做支柱较好，棍长 60～70cm，要粗些，细的易被大风刮断。绑新梢必须绑开，不能拢到一起，否则冬季不好修剪，影响通风透光。绑时注意不能太紧或太松，太紧会勒伤枝条，太松则起不到固定作用。

⑤病虫害防治。防金龟子。嫁接后及时喷高效氯氟氰菊酯、毒死蜱等杀虫剂进行防治。

⑥摘心去叶。当嫁接新梢长到 50cm 时，从新梢顶端 5～6cm 处对幼叶进行摘心，同时摘掉 2 个叶片。如果用结果枝嫁接的，新梢成活后就会有雄花，在雄花段以上 4～5 片叶处摘心，并摘掉顶端 2 个幼叶，促进分枝。摘心去叶可以促进当年分枝，防治结果部位外移，同时第二年就有一定的产量，使栗园达到早果、早丰的目标。

2. 整形修剪

2019 年冬季应用板栗丰产栽培及修剪技术。树形为开心形，主枝留 3～5 个，打轮替橛进行枝条更新。对比过去板栗树修剪，虽然采用的也是开心形，但主要是对外围结果母枝长放，并且连年长放，导致内膛光秃，造成结果部位严重外移，产量下降。

（1）时期和方法

板栗的修剪主要在冬季进行，一般1月下旬至翌年3月中旬最为适宜。板栗同其他果树一样，营养物质在树体休眠期间是由叶部和枝干、根部运输贮存的，开春后，树液开始流动，根、茎贮存的营养由相反的方向向枝梢运输，所以修剪期过早过晚都不适宜。幼树的整形除进行冬季修剪外，还须进行夏季修剪。夏季修剪主要为新梢长到30cm以上时摘心2次，以促进新梢分枝，提早成形。

（2）幼树整形与修剪

幼树以建造树体为主，整形采用自然开心形。

树形的特点是：主干高50～60cm，全树3个主枝，无中心干。各主枝在中心干上相距25～30cm，3个主枝均匀伸向三个方向，主枝角度50°～60°，各主枝左右两侧选留侧枝，侧枝间距60～70cm，在主侧枝上培养结果枝组。树冠较矮而开张，树体结构着光面积大，适于密植，是目前板栗上应用最多的一种树形。

整形的方法是：选择3～4个生长健壮、分布均匀、角度适中的枝条作为培养主枝。主枝必须向外斜生，选留的主枝在50～60cm处短截，短截时注意剪口的方向，从各主枝发生的分枝中，再选留有一定间隔距离生长强壮的分枝2～3个培养为侧枝。侧枝一般留在主枝的两侧，角度略大于主枝，一般经过连续3～5年的整形，树形基本形成，以后每年培养结果母枝使树冠逐渐向外扩展直至与相邻树冠相距50cm为止。

（3）盛果期树整形修剪

①调整树势。先观察树势，板栗树是壮枝结果，只有中庸偏强树势，更新枝才能发育成好的结果母枝。树势壮的板栗树修剪量要小，缓和树势，树势弱的板栗树修剪量要大，增强树势。

②调整主侧枝。对于盛果期大树，主侧枝较多，内膛光秃，通风透光

差，应疏除部分主侧枝，一般开心形树形选定 3~4 个主枝，其余主侧枝根据树势强弱逐年疏除。一般大枝疏除量不超过全树枝量 1/4，树势强则适当少去大枝，树势弱则多去大枝。

③调整枝组。调整主侧枝后，对侧枝上的枝组进行调整，首先将互相交叉重叠的枝组进行疏除，再将同一侧枝上的枝组进行调整，相邻枝组间距离不小于 50cm，将过密枝组疏除，保证全树通风透光。

④培养结果枝。疏除枝组时注意枝组周围有没有结果枝，如果有结果枝，则将枝组疏除，如果没有结果枝，则在该枝组基部 2~3cm 处短截，使其基部隐芽萌发形成预备枝，第二年结果，避免内膛光秃。

结果枝组上三叉枝、四指枝、五掌枝较多，对此类枝条要进行修剪，具体修剪方法是：根据结果枝组树势强弱，保留 1~2 个健壮结果母枝，第 2 年结果；在基部 2~3cm 处短截 1 个壮结果母枝，第 2 年从基部萌发 1~2 个预备枝，其余中庸或偏弱枝疏除。第 2 年再将上一年结过果的母枝短截，留预备枝，上一年新萌发的预备枝留下结果。根据枝组强弱，两码配一橛或一码配一橛，此种修剪方法可有效控制树冠外移，并且每年都有壮果枝结果，保证稳产高产。

3. 肥水管理

（1）浇水

由于是山坡地种植板栗树，缺少水利配套设施，没有灌溉条件，自从种植成活以后，没有浇过一次水，全靠自然降水。为了保留住自然降水，实施树下蓄水工程，外边修埝，外高里低，陡坡地打鱼鳞坑，能较好地收集和利用自然降水。

（2）施肥

①树下追肥。一般在雨季来临前的 6 月份，每株板栗穴施复合肥 0.5~1kg，等雨季来临后，雨水溶解吸收。

②叶面喷施。板栗开花前喷弘蕊牌氨基酸 30 倍液，时间在 5 月 20 日至 25 日，能提高坐果率，增加产量 20%~30%。

4. 花果管理和果实采收

板栗花期喷硼肥，可以提高坐果率。

板栗成熟后采收，多数栗农还是采用栗子成熟自然脱落拾栗子的方法，个别未脱落的栗子用竹竿打下后捡拾。树上栗蓬开裂70%以上，未开裂的栗蓬由绿转黄时一次性用竹竿打下，减少风干果，避免损失。

5. 病虫害防治

①防治红蜘蛛。在麦收前和麦收后喷药，如阿维哒螨灵、哒螨灵、阿维螺螨酯等进行防治，一定在麦前防治好，干旱年份麦后加喷一遍药。

②食心虫。主要是桃蛀螟和栗食象甲，在幼虫期喷毒死蜱、高效氯氰菊酯、甲维盐等农药进行防治。

③栗疫病。春季发病多，检查后刮治，涂抹甲硫萘乙酸杀菌、保护伤口。

④其他病虫害如栗大蚜、栗瘿蜂、白粉病等进行针对性预防和防治。

⑤健壮树势是关键，提高树体抗性。

六、内丘县侯家庄乡小西村板栗示范园

（一）基本情况

内丘县侯家庄乡小西村位于河北省西南部，太行山东麓，属大陆性季风气候，年平均气温12.6℃，无霜期191天，年平均降水量537.2mm，四季分明，季节性强，光照充足，适合大多数北方果树的生长。全县果树种植面积10万亩，其中，板栗种植面积4.5万亩，占全县果树种植面积的45%，主要分布在西部山区的侯家庄乡。

示范基地所在的侯家庄乡位于内丘县西部山区，平均海拔约1000m，土壤以棕壤为主，土层厚度40cm左右，pH6.5，自然条件非常适合板栗树生长。侯家庄乡板栗栽培历史悠久，据调查，现存百年以上的板栗树50

余株，从 20 世纪 90 年代初期以来，随着一系列林业项目的实施，开始大面积人工种植板栗。截止到 2019 年，侯家庄乡的板栗种植面积达到 4 万亩，占全县板栗种植面积的 88%。该地区板栗种植经营模式主要是农户自主经营，造成了虽然板栗栽培面积较大，但品种老化，产量低，经济效益差。近年来，经过本地优良品种选育和外地优良品种引进工作，推广筛选出一批适宜太行山区栽植的板栗优良品种，如燕山早丰、燕山短枝、紫珀等。

2019 年在侯家庄乡小西村建立板栗省力化栽培及高效丰产技术示范园 200 亩，株行距 3m×4m，2003 年栽植，主栽品种为燕山早丰。

（二）经济效益

该示范园通过推广板栗省力化栽培、整形修剪、土肥水管理等一系列优质、丰产、高效的管理技术，板栗产量和品质得到了有效提升，板栗园平均亩产 103kg，优质果率 90%。近两年来，板栗价格稍有下落，2019 年板栗平均价格 10～15 元/kg，2020 年板栗平均价格 8.6～13 元/kg。

（三）主要技术要点

1. 整地

该示范园位于太行山区，板栗树栽培的立地条件大多为山坡的中下部，整地方式是在山坡上修筑"鱼鳞坑"或沿山坡等高线修筑的"围山转"，栽植密度为每亩 30～60 株。

2. 建园

（1）苗木选择

选择 2 年生实生壮苗，苗高 80cm 以上，地径 0.8cm 以上，主根 20cm 以上，长 20cm 左右的侧根 3～5 条，无劈裂，枝条发育充实，无机械损伤，无病虫害。

（2）苗木处理

栽植前剪去过长的根段、破伤根段，用清水加广谱性杀菌剂和保水剂全部浸泡24h，保证苗木吸足水分。

（3）栽植

将苗木栽入定植穴内，分次填土踏实使根系舒展与土壤充分接触，注意不能栽太深。栽后立即灌水，灌透即可，并将树盘修成中间低、四周高的漏斗状。

（4）定干

定干高度视苗木质量而定，一般干高80cm为宜，抹除50cm以下的萌芽，以便集中营养，促进新梢生长发育。

（5）嫁接

板栗实生苗栽植后，生长2年进行嫁接。嫁接时选择板栗优良品种采取接穗，并选用健康、粗壮、生长充实和芽体较饱满的枝条作为接穗进行嫁接。

3. 整形修剪

（1）幼树整形修剪

嫁接当年修剪的原则是"小树造形"，力求把幼树修剪成低干、中冠、少侧枝、多母枝的自然开心形或主干疏层形树体结构。除根据整形需要选留的主枝外，多余没有空间的主枝、侧枝全部疏除，疏除全部病虫枝、细弱枝和交叉枝。对有发展空间的发育枝短截，对中庸枝全部甩放。对于长旺枝从前端1/3~1/4饱满芽处短截，并从剪口以下第二芽开始连续刻芽4~6个，刻芽宽度0.2cm左右，刻芽后营养分散，抽生的枝条多数是中庸枝。3月份、4月份采用拉枝、牵拽措施使选留主枝开张角度保持在60°~70°之间。主枝上选取位置和生长势适宜的侧枝培养为第1、2侧枝，主枝、侧枝顶端强壮新梢疏除，保留中庸枝，疏除纤细枝。对无发展空间和生长势变弱的枝组重回缩修剪至2年生枝分叉处，留2~3cm左右橛短截，以刺激隐芽萌发，培养新的结果枝。对发育枝视其空间大小进行长放、重短截或直接疏除。结果母枝留量保持在每平方米树冠投影面积8~10条，多余部分疏除，并注意协调各主枝间的发育空间。

（2）盛果期树整形修剪

在修剪的同时注意调整树形，打开光路，培育光照条件良好的开心形或疏散分层形，大枝组间距保持在1m左右。对于结果枝组，一般采用一个母枝短截（留2~3cm橛）培养预备枝；另一个母枝长放结果（当年长出1~3个结果枝，下年度再一截一放，形成轮替结果、连年更新），树中心、树冠内没有空间的情况下，把上年结果枝剪掉。对于三叉枝、四指枝、五掌枝，此类枝条要进行轮替更新修剪。层间直立壮枝要短截，选留平斜生中庸枝结果，层间枝组母枝留量每平方米不超过6个，使冠内有充足的光照条件和营养积累。如果枝组过多，影响光照，可进行适当回缩，调整母枝角度和生长高度。及时回缩较弱枝组，使其保持稳定的片状和平扇状结构。对于树冠上的纤细枝、交叉枝、重叠枝，除一小部分留作预备枝增加树冠叶片量外，其他枝条一律疏除。通过保留、疏剪和短截，每平方米树冠投影面积保留6~12条结果母枝。

（3）郁闭树整形修剪

对于出现郁闭的栗园，可以从种植密度、修剪方法和品种改良三方面进行调整。首先调整栽植密度：先在株间隔株去株，使密度减小一半；几年后再在行间隔行去行，使密度再减小一半，株、行间的伐除交替进行。其次通过树体修剪调整，对间伐后留下植株的主干枝要进行疏除或回缩处理，打开光路；对较高的植株要降低树体高度，将过高的中心干落头，培养主干枝中下部枝组；对于修剪后抽生的旺壮枝，夏季利用摘心去叶、春季利用短截刻芽缓和树势，冬季采用轮替更新修剪，控制树冠扩展，防止再度郁闭。最后通过优良品种高接换头更新，对于间伐后的衰老植株，锯除过多的辅养枝和无效枝，整理出砧木树形，从主侧枝的前段3~4年生处锯断，在余下的枝干每隔50~60cm交替嫁接优良品种接穗。

4. 土肥水管理

太行山区土壤贫瘠，年降水量主要集中在7月份至8月份，这对板栗生产极为不利。因此，应当加强土肥水综合管理，提高品质，增加产量。

（1）栗园生草

栗园生草既可覆盖地面、减少地表蒸发和雨水冲刷，又能增加土壤有机质，提高地力。栗园采用自然生草，夏季人工刈割 2～3 次，将草覆于地面，增加土壤的保水、蓄水能力，提高土壤有机质含量。坡地栗园生草还能起到固土、保肥的作用。

（2）施肥

板栗的施肥主要有萌芽前的壮树追花肥、开花前（后）坐果肥、栗仁膨大前的增粒重和秋施基肥。追肥主要以复合肥为主，根据树龄的大小，年追肥量一般在 2.5～5 kg 为宜；秋施基肥以有机肥为主，按照以产定肥的原则，每生产 1kg 栗果施有机肥 10kg，在果实采收后及时施肥。

（3）浇水

有水浇条件的栗园，结合施肥及时浇水，干旱年份应适当增加板栗园浇水量，满足板栗树生长和结果需要。

5. 病虫害防治

（1）主要虫害及防治方法

①栗瘿蜂。主要危害嫩枝。防治方法：4 月中旬人工摘除瘿苞，使用菊酯类杀虫剂喷雾防治。

②栗大蚜。主要危害枝干。防治方法：冬季刮卵；清除病枯枝；枝干涂白；早春萌芽前喷 3～5 波美度石硫合剂进行防治；生长季用菊酯类杀虫剂喷洒枝干进行化学防治。

③红蜘蛛。主要危害叶。为害时期 7 月份至 9 月份，防治方法：6 月份至 7 月上旬使用杀螨剂等连续防治 3 次以上。

④栗实象。主要危害果实。为害时期 8 月份至 10 月份，防治方法：冬季清除落地虫苞集中烧毁；深翻树盘破坏幼虫越冬场所；春夏季新叶期、花期喷菊酯类杀虫剂 2～3 次。

⑤桃蛀螟。主要危害果实。为害时期 8 月份至 9 月份，防治方法：冬春清理栗园；幼果期喷杀螟松乳油 1000 倍液防治 2～3 次。

（2）主要病害及防治方法

①栗疫病。主要危害枝干，少数在枝梢上引起枝枯。发病规律：该病3月底4月初出现症状，但由于此时温度偏低，病斑扩展较慢，6月下旬进入雨季以后，病斑扩展明显，尤其是7、8、9三个月，病斑扩展更快。10月下旬以后，病斑扩展又缓慢下来。

防治方法：及时清除病死栗树，并集中砍伐处理，以防病菌再次传播侵染。对部分染病枝条，从基部剪掉，对可施救的大枝刮除病斑。剪枝或刮除病斑的伤口要及时消毒杀菌，剪掉的病枝和刮除的病斑要及时清理出栗园烧毁。加强栗园管理，增强树势，提高树木的抗病免疫力。同时要注意防止修剪过度。新建栗园时，选用抗病品种。

②栗白粉病。主要为害叶片，为害时期4月份至9月份。

防治方法：合理施肥、灌溉，严格控制氮肥，防止徒长。清除越冬侵染源，剪除和清理病枝、落叶等。推广抗病良种，调整单一品种结构，选择抗病良种间套栽培。药剂防治，栗树休眠季喷洒石硫合剂，发病初期喷洒甲基托布津等。

6. 适时采收

适时采收对板栗品质、产量以及储存是非常有益的。当果实完全成熟时，应进行板栗采收。成熟的标准是：一看栗苞的颜色，栗苞变成黄棕色，苞口开裂，栗子露出；二看栗子的颜色，栗子的颜色变成赤褐色或棕褐色，这时栗子完全成熟。就整棵树而言，一般在有30%以上栗苞开裂时采收为宜，宜迟不宜早，达到70%以上开裂时，可用竹竿一次性打下，并捡拾栗实。此外，在收获时要注意天气的变化，应在晴天或阴天无雨时收获，下雨的时候，雨后初晴或晨露未干时最好不要采收，否则因过多的水分，易发生严重腐烂。

七、灵寿县昊天种植专业合作社板栗示范园

该板栗示范园位于灵寿县陈庄镇鹿沟村，示范园面积200亩。该村现

有板栗2000多亩，2014年该村成立了灵寿县昊天种植专业合作社，主要是为了加强当地板栗种植栽培、经营管理和加工销售等工作。

（一）示范园基本情况

1993年，灵寿县实施"万炮齐轰太行山"荒山开发项目，通过爆破整地进行水平沟经济林栽植，陈庄镇鹿沟村是进行荒山开发的先进村，开发荒山2000余亩，种植了板栗、核桃等经济林，当时，种植的板栗全部为板栗实生苗。最初几年，由于没有优质板栗苗木和成熟的管理技术，主要嫁接的是当地老实生树品种。从近些年来看，该地板栗普遍存在品质差、效益低等问题。后来，经过多方努力协调，从唐山迁安、遵化等地引进大板红、燕山早丰、紫珀、东陵明珠等优良品种进行了品种改良，并聘请了当地技术人员进行技术指导和人员培训，才使优良板栗品种在灵寿县安家落户。由于灵寿的土壤气候条件适宜板栗生长，生产出来的板栗甜糯适宜，口感良好，品质可与京东板栗相媲美。到目前为止，该村已栽植板栗树4万余棵，均处于盛果期。2019年，建成示范园，示范推广优质丰产整形修剪技术、土肥水管理技术、生草技术及省力化栽培等综合配套技术，达到了丰产、稳产的目的。

（二）示范园的价值

1. 示范园的经济价值

示范园通过采取整形修剪和栽培技术管理等系列技术措施，成效显著，示范带动作用明显，成为当地板栗生产的一个典型样板生产基地。示范园进一步加强了板栗树整形修剪、土肥水管理等技术，使示范园板栗产量和质量得到了有效提升，提高了栗果的收购价格，增加了栗农收入。该示范园年产板栗20000kg，年收入达30多万元。由于板栗示范园管理好、收入高，吸引了周边栗农的参观学习，对当地板栗产业的发展起到了一定的示范带动作用。

2. 示范园的社会价值

在板栗示范园典型引领和示范带动作用下，周边栗农看到了板栗生产效益，提高了板栗生产的信心，进一步促进了栗农学技术、用技术的积极性。板栗示范园拥有多名技术人员，在农闲季节到周边板栗园进行技术指导，为当地栗农提高板栗管理技术水平起到了积极的促进作用。

（三）主要技术要点

1. 建园

（1）高标准整地

按照水平沟的建设要求，先人工沿等高线在坡度小于 25°的山坡上，按照水平沟设置宽 3m、间隔 4m 的爆破点，在爆破点利用人工挖深 100cm、直径 20cm 的炮眼，利用爆破进行整地。爆破后，按照"等高线、沿山转、宽 3m，长不限；死土挖出，活土回填"的方法修成水平沟状，做到外高里低，并在外边挡 40cm 高的拦水土埂。整地完成后，进行树坑布点，将每亩 2m³ 有机肥和土掺均匀，填在树坑内 30cm 以下（保证栽苗后根系不能接触到肥料，但当年新根能吸收到肥料），再填土与地面平，然后浇透水踏实土壤，再填土与地面平，几天后准备栽苗。

（2）选择优质壮苗

选择无病虫害、地径 1cm 以上优质实生苗（实生苗栽植比嫁接苗成活率高、生长健壮，2 年后进行嫁接可当年结果）进行栽植，要求主根长 25cm 以上，侧根完整，重点是根系不能冻伤，不能失水。

（3）严格按规定栽苗

将苗木取出进行根系修剪，去除过长根、死根、劈裂根等，放在 2000 倍生根粉中浸 1h，在定植穴上挖深 25cm 小坑，把苗放在坑中央填土踩实（二埋两踩一提苗），要求埋土不可超过根颈 3～5cm，栽后立即浇水保墒，覆盖地膜，并在 80cm 截干。

2. 幼树管理要点

（1）加强管理

加强幼树管理，促进幼树健壮生长。

①及时浇水覆盖地膜。春季栽树后及时浇水，水渗后覆盖少量细干土，用 0.8～1m^2 地膜覆盖树盘保墒增温，树盘内四周高中间稍低。

②防止害虫啃食嫩芽。发现害虫啃食嫩芽及时采取措施，不严重时人工捕杀，严重的在傍晚树干和树盘喷 1500 倍液毒死蜱触杀。

③去膜后浇施好"三水两肥"。春季高温干旱，苗木一旦缺水影响极大，要视树盘内土壤墒情，及时去膜浇水，一般是覆膜 40d 后（5 月 1 日前）及时去膜浇水。当新梢长到 10cm 以上时，每 20d 每株树盘（树干 30cm 内）撒施 15g 尿素浇小水，一般需连续施 2 次肥浇 2 次水，促进前期苗木的生长。

④叶面喷肥。定植树当年根系吸肥能力差，需要"开小灶"补营养。叶片施肥量少但效率极高，展叶后开始每 15d 喷一次 300 倍液尿素，连续 5 次。雨季不喷肥，新梢停长后再喷肥，9 月上中旬喷一次 100 倍液尿素 +200 倍液磷酸二氢钾，10 月中旬喷 50 倍液尿素，延长叶功能，增加贮存营养。

⑤秋施有机肥。新梢停长后及时施基肥（1 年内施肥量最大的一次），一般为 9 月中旬，每株施 5～10kg 有机肥，树盘内挖 2 个穴，深度 30～40cm 施入。

（2）嫁接：苗木生长 2 年后春季进行嫁接，嫁接采用穗接法，即在休眠期根据需要的品种，在母树上选择生长健壮、芽体饱满、无病虫害的当年生枝条，剪下后，剪成 10～15cm 的接穗，接穗有 2～4 个饱满芽，然后蜡封（将石蜡用容器加热溶解，注意温度不要超过 85℃，将剪好的接穗放入笊篱中，快速在蜡中涮一下，然后倒到地上或水中降温），然后装入编织袋，放入阴凉的地窖备用。嫁接方法：在早春树木不离皮时，利用劈接法进行嫁接；树木离皮后，嫁接多采用插皮腹接、裸柱嫁接、拦头插皮接方法进行嫁接。嫁接时砧木直径在 2cm 左右，一般采用拦头插皮接或劈接，如果砧木较大，已经形成基本树形，在嫁接时，要按照树形采用插皮腹接和拦头插皮接相结合的方法进行。嫁接后 15 天，及时检查成活率，发现死亡的要及时补接。嫁接后，要及时对树木生长情况进行管护，首先要及时抹除嫁接芽以外的萌蘖，以利于集中营养，成活 1 个月后，要及时解除接穗的绑缚塑料条，以免塑料条勒入接穗，影响生长，同时要对接穗生长的枝条进行绑缚，以免刮风吹断接穗。7 月份要对新生枝条进行摘心，并做好病虫害防治。

3. 整形修剪

（1）板栗树形

板栗树形一般要根据栽植的株行距、密度等因素确定适宜的树形。20世纪 90 年代后期和 2000 年以后实行退耕还林以来，板栗栽植密度多在 3m×4m 和 3m×5m，目前，板栗树已生长了近 30 年，树冠外围都已续接，树体通风透光差，内膛结果少或不结果，仅在树冠外围有部分栗果。因此，对于种植密度较大或郁闭的栗园，在整形上要注意控制树冠的高度及冠径，达到树体通风透光，使板栗树冠紧凑、枝条充实、健壮、正常结果。目前，板栗树整形主要采用开心形和小冠疏层形。

（2）不同板栗树修剪

①成年嫁接树修剪。板栗树嫁接后，砧木上的潜伏芽受到刺激会大量萌芽，应将其及时抹去。这样既可节省养分，又可促进接穗芽萌发生长。更新后的栗树在每个锯口枝中留 3～5 个健壮枝条，在新梢长到 25～30cm 时，摘去先端的嫩梢，促进二次枝生长，增加分级枝生长，扩大树冠。嫁接后的栗树恢复生长快，1～3 年即可恢复到原来的树冠并开始结果。

②结果树的修剪。板栗结果树营养生长趋势缓和，产量逐年增加，达到高峰期，如管理不善，易发生大小年结果现象。为此，此期的修剪任务是通过修剪控制树冠高度，调节枝条疏密度，改善光照条件，防止树冠郁闭，培养粗壮结果枝，使树内外均能结果。对衰弱枝要及时更新复壮，对

多年放任不剪的栗树，应以调整树形结构为主。对树冠过高的栗树，应及时落头，对大枝过密的，应选留5~6个主枝外，其他应分期分批地疏除。

③衰老树的修剪。种植多年或失管的栗树营养生长衰弱，如果管理差，病虫危害就重，新梢生长量不足15cm，树内小枝枯死，只有树冠外围一些新枝开花结果，但落花严重，坐果率低。对这些栗树的修剪应及时更新，回缩培养骨干枝、结果枝，促进新发枝。通过培养健壮的结果母枝，促进营养生长，恢复树势，延长结果年限。更新方法：冬剪时将衰弱的骨干枝和枝组进行更新，一般按树形、高度的要求锯去，锯口粗度超过8cm，锯后及时涂抹伤口保护剂，以防感染病害。对冬剪更新要长短交替，高低有别不能剃平头。在锯枝时应注意不要伤了留枝树皮，对修剪后的锯口用药后及时用塑料薄膜包扎锯口，以防日晒裂口，影响愈合。

4. 土肥水管理

（1）土壤管理

板栗园土壤管理主要是在板栗园采取翻地改土、树盘扩穴、中耕除草、树下生草、合理间作等技术措施。

①翻地改土。在秋季翻地深度30~40cm，当坡度不大时可全面翻地；如果坡度太大，应于树根四周进行块状翻挖，利用捡出的沙砾石块、树根残桩等围置于树冠下坡，以增加板栗园的截水保土能力。

翻地不仅能熟化土壤，并且能增加土壤的通透性，使雨水渗入到土层中，起到保土和蓄水的作用。深翻结合清除杂草、压绿肥等，可以提高土壤肥力、消灭部分病虫害等作用。

山区栗园不便于机耕，对零星栽培的栗树可采取刨树盘法，即在树冠稍大的范围处刨松树下土壤。板栗园可在春、夏、秋刨树盘，有"春刨枝、夏刨花、秋刨栗子把个发"之说。春刨要早，地化冻后即可进行，刨深20cm左右，以提高地温，促进根系活动；夏季刨地结合保水进行，如翻压青草、绿肥等，提高土壤蓄水力；秋刨一般在8月下旬开始，深翻20~30cm。刨树盘应以不伤栗树粗根为度，要从树干处开始，里浅外深。

②树盘扩穴。板栗大多生长在瘠薄山地，土质坚实，栽树时挖定植穴过小，虽已栽植多年，但根系仍局限在定植穴内，很难向远处伸展，根系发育受限，树体生长缓慢而形成"小老树"，所以定植时应挖大坑栽植，已栽植在小穴内的树应逐年扩穴，使根系生长在较宽松的空间。

③中耕除草。板栗树生长季节清除杂草一年进行多次，一般视杂草生长情况而定，但其中有两次较为关键和重要，应特别注意。第一次是在杂草旺盛生长的5月份至6月份进行，此时铲下的杂草容易腐烂作肥；第二次于临近采收期的8月下旬至9月上旬进行，便于拣拾栗子。

④树下生草。近年来，板栗园采取树下生草的管理模式越来越多，一是可以减少使用除草剂对土壤造成的污染和危害，二是可以降低坡地栗园的水土流失。板栗园树下生草主要采取自然生草法，春季拔除深根性高大杂草，留下的杂草长到40~60cm时进行刈割，割下的草可就地覆盖在树盘内，防止土壤水分蒸发，也可翻压在树盘下，增加土壤的保水、蓄水能力，提高土壤有机质含量。

⑤合理间作。在板栗园间种豆科作物或绿肥作物，可以改良土壤，扩大园地覆盖，利于水土保持，以耕代抚，以地养地。

（2）施肥管理

板栗的施肥时期，主要有萌芽前的壮树追花肥、开花前（后）坐果肥、栗仁膨大前的增粒重肥和采收后的消耗补充肥四个时期。

①萌芽前肥。早春解冻后即可施肥。施入尿素、磷肥和硼复合肥，可以促进板栗的生长，增强树势，增加雌花的分化、提高树体硼含量，降低空蓬。正常结果板栗树施尿素1~1.5kg、硼砂0.15~0.3kg。

②花前（后）追肥。花前或花后追肥有助于坐果和幼果发育。追肥以尿素为主，若春季追肥足，树势旺，可在花前和花后用叶面肥替代。

③栗仁膨大前肥。在太行山栗区一般于7月中下旬至8月初进行追肥，此时正值果实讯速膨大期。追肥以复合肥为主，氮、磷、钾比例为1∶1∶1，追肥量以目标产量10kg追入复合肥1kg为宜。

④秋施基肥。基肥可以用农家肥，也可用绿肥。高产密植园有机肥的参考用量为：每生产1kg栗实，需补充土粪等农家肥10kg。为补充肥源的不足，可以施用绿肥。一般应掌握在绿肥枝叶生长茂盛期进行，枝叶压在土层内易于腐烂。豆类及紫穗槐等绿肥应在其开花期进行。压肥可采取树下沟埋法，挖深、宽各40cm的沟，将枝叶用土埋在沟内。栗园行间间作的绿肥可使土壤有机质得到明显提高。绿肥根部分泌酸类物质，能使土壤中难溶性矿质养料变为栗树能利用的可溶性状态。种植绿肥可就地沤制，就地施用，减少肥料运输，是解决目前栗树肥料不足的一种有效方法。

⑤根外追肥。根外追肥也叫叶面喷肥，方法简易，用肥量少，发挥作用快，可满足栗树的急需，又可预防某种元素的缺乏症。叶面喷肥每隔10～15d一次才能得到良好效果。根外喷肥可结合喷药同时进行。叶面喷氮以尿素为好，喷施浓度为0.2%～0.3%，最高不能超过0.5%。喷施磷、钾元素的肥料种类如磷酸铵、过磷酸钙、磷酸二氢钾等，以磷酸铵和磷酸二氢钾效果最好，喷布浓度为0.1%～0.4%。磷、钾肥在果实膨大期喷布最好。果实采收前1个月可喷2次，能使果粒增重15.7%。花期前后各喷硼2～3次，浓度为0.3%，可减少空苞。

（3）灌溉

具备灌溉条件的栗园，可在板栗树萌芽前、栗果膨大期、上冻前进行灌溉，并在生长季节视栗园旱情进行浇灌，也可结合追肥进行浇水。不具备灌溉条件的栗园，可在树下修筑蓄水坝进行雨季拦水，达到浇灌板栗园的目的。

个别地方的栗园已修建了蓄水池，并已用管道进行了引水上山入园，这样的板栗园能做到随时浇灌，对板栗增产增收起到了重要的保障作用。

5. 病虫害防控

板栗病虫害在示范园发生较轻，一般生长季节只针对虫害进行防治，板栗树基本没有病害发生。病虫害防控主要遵循"预防为主，综合防治"的原则，在春季萌芽前，用石硫合剂在全园喷施，6月份用螨死净、克螨特等杀螨剂防治红蜘蛛，7月份至8月份喷菊酯类药剂防治刺蛾和桃蛀螟等害虫。

6. 示范园管理措施

一是规范化管理。加强修剪，利用每年的冬、春闲季节，进行板栗修剪，主要树形为开心形，修剪采用轮替更新修剪方法，对大树进行更新复壮；二是强化果农培训。多次聘请专家到栗园进行技术培训，指导栗农生产，提高栗农的管理技术水平；三是加强土肥水管理，利用秋施基肥和生长期追肥进行树体管理，由于板栗园多为山地果园，不宜浇灌，多采用集水技术进行灌溉；四是做好病虫害防治。针对当地栗园出现并对板栗生产造成危害的病虫害进行防治，主要防治红蜘蛛、桃蛀螟、栗大蚜、舞毒蛾等害虫。

参考文献

［1］曹尚银，陈玉玲．优质板栗无公害丰产栽培［M］．北京：科学技术文献出版社，2005．

［2］陈杰忠．果树栽培学各论［M］．北京：中国农业出版社，2003．

［3］陈可可．不同板栗品种在迁西地区开花结实规律研究［D］．北京林业大学，2018．

［4］丁新辉．燕北山区板栗林地水土流失分区协同防治模式研究［D］．中国科学院大学，2017．

［5］杜常健，孙佳成，武妍妍，等．燕山北部山区板栗优良种质资源收集及其品质评价［J］．林业科学研究，2020，33（3）：1－11．

［6］范得跃．燕山板栗不同品种雄花序营养和功能成分分析及活性比较［D］．河北科技师范学院，2018．

［7］高翔．河北省板栗产业发展问题研究［J］．经济师，2018（4）：147－149．

［8］耿金川，金铁娟．燕山板栗新品种新技术［M］．石家庄：河北科学技术出版社，2016．

［9］关君．板栗建园技术要点［J］．绿色科技，2020（12）：53－54．

［10］郭燕，张树航，李颖，等．中国板栗238份品种（系）叶片形态、解剖结构及其抗旱性评价［J］．园艺学报，2020，47（6）：1033－1046．

［11］江锡兵，龚榜初，刘庆忠，等．中国板栗地方品种重要农艺形

状的表现多样性［J］．园艺学报，2014，41（4）：641 –652．

［12］孔德军，刘庆香，王广鹏．优质板栗高效栽培关键技术［M］．北京：中国三峡出版社，2006．

［13］蓝卫宗．板栗栽培技术问答［M］．北京：中国农业出版社，1999［M］．

［14］李文辉，唐素欣，张尔兵．板栗叶面肥技术要点［J］．河北果树，2015（1）．

［15］梁慧聪．果树栽培［M］．北京：中国林业出版社，2005．

［16］刘国安．板栗花期喷硼及果前梢摘心试验研究［J］．北方园艺，2008（8）：43 –44．

［17］马雅莉，郭素娟．板栗冠层光合特性的空间异质性研究［J］．北京林业大学学报，2020，42（10）：73 –83．

［18］马雅莉，郭素娟．叶幕微环境与板栗枝叶生长及果实产量的关系［J］．中南林业科技大学学报，2021，41（4）：46 –57．

［19］邱爽．生长调节剂和有机钙对板栗花芽性别分化及果实产量、品质的影响［D］．北京林业大学，2020．

［20］邱文明，何秀娟，徐玉梅．板栗花芽性别调控研究进展［J］．果树学报，2015，32（1）：142 –149．

［21］宋影，郭素娟，谢明明，等．有机 – 无机配施比例对板栗叶片氮磷营养、产量及品质的影响［J］．东北农业大学学报，2017，48（9）28 –35．

［22］宋影，郭素娟，张丽，等．板栗产区有机堆肥产物磷形态特征及其叶片磷含量的影响［J］．环境科学，2017，38（3）：1262 –1271．

［23］孙慧娟，郭素娟，宋影，等．修剪于施氮对板栗果树光合特性及产量的影响［J］．东北林业大学学报，2017，45（9）：40 –44．

［24］孙慧娟，郭素娟，张丽，等．修剪与施氮对板栗叶片 N、P 营养及产量的影响［J］．核农学报，2019，33（4）：0816 –0822．

［25］孙艳云．板栗苗木繁殖技术［J］．河北林业科技，2008，04：118－119.

［26］汤新利．板栗的花果管理［J］．河北果树，2012，1：108－109.

［27］田寿乐，孙晓莉，沈广宁．不同覆盖物对山地板栗园土壤性状及幼苗生长的影响［J］．山东农业科学，2017，49（11）：37－44.

［28］田寿乐，许林，沈广宁，等．板栗高标准建园技术总结［J］．落叶果树，2011（4）：48－49.

［29］王广鹏，陆凤琴，孔德军．板栗高效栽培技术与病虫害防治［M］．中国农业出版社，2016.

［30］王辉，赵晨霞．板栗贮藏与加工的发展现状及前景展望［J］．农产品加工，2008，1：69－71.

［31］王永泉．不同水肥组合对板栗雌雄花序比及果实产量品质的影响［D］．北京林业大学，2019.

［32］郗荣庭，曲宪忠．河北经济林［M］．北京：中国林业出版社，2001.

［33］谢永．浅谈板栗建园及栽植技术［J］．中国水土保持，2001（8）：34－35.

［34］闫格．板栗低温贮藏条件的研究［D］．湖南农业大学，2017.

［35］杨睿．不同缓释肥对板栗苗木于幼树生长和养分浓度的影响［D］．北京林业大学，2018.

［36］叶常奇，李游，刘阳，等．短截强度对板栗结果枝和发育枝生长的影响［J］．经济林研究，2020，38（4）：184－191.

［37］殷美旺．板栗实生苗繁殖技术［J］．安徽农学通报，2015，21（21）：93－94.

［38］张乐，王赵改，杨慧，等．不同干燥方法对板栗品质的影响［J］．核农学报，2016，30（12）：2363－2372.

［39］张丽，郭素娟，宋影，等．叶面喷肥对板栗地上器官氮磷分配

的影响［J］．东北林业大学学报，2017，45（7）：34－39.

　　［40］张艳，张志林，董富俊．优质板栗无公害栽培技术［J］．中国南方果树，2017，46（4）：167－172.

　　［41］张玉杰，于景华．板栗丰产栽培、管理与贮藏技术［M］．北京：科学技术文献出版社，2011.

　　［42］张玉星．果树栽培学各论［M］．北京：中国农业出版社，2003.

　　［43］朱小强，汪明正．控制过量生长对板栗开花结果影响的试验研究［J］．林业科技，2007，33（5）：57－58.